失控的數據

數字管理的誤用與濫用，如何影響我們的生活與工作，甚至引發災難

傑瑞・穆勒——著
張國儀——譯

THE TYRANNY OF METRICS

JERRY Z. MULLER

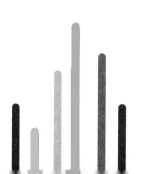

相信世上沒有無法量化事物的人，也相信世上一切都可以量化。

——亞倫．哈斯佩（Aaron Haspel），作家

推薦序／

當我們對數據與統計方法的限制一無所知，就會形成一種數據暴力

顏聖紘／國立中山大學生物科學系副教授

我們不妨回想一下，在日常生活中「數據」、「數字」或「數學」扮演什麼樣的角色？是一個從小到大都考不好的科目，還有揮之不去的夢魘？還是理性與知識品質的保證？

在人類的知識與科學發展歷程上，有很長的一段時間我們只仰賴直覺、感知，或形式邏輯（formal logic）來演繹、推導與辯證議題。雖然計數（counting）與數感（number sense）能力存在於人類與許多動物，而人類開始以較為複雜的數學來描繪與推測某些自然現象，並且應用在日常生活與軍事用途也在不同文化中發展了數千年。然而拿著數學、數字、統計作為「科學方法」（scientific methods）的基礎，

並根據「統計結果」來支持與否決某個「假說」的慣習，則是在十九世紀末期到二十世紀初期才開始廣為運行。

人類對各式各樣不同的自然與社會現象的掌控慾並不相同，而數學就成為我們探索、度量、分析、推導、歸納以及論理的一種基本工具。有時候我們希望預測日月星辰的運行（及其對個人與國家運勢的關聯性），所以人類發明了天文學外加占星學。我們希望居住在安穩的屋舍中，所以人類在蓋房子之前需要數學和物理學的幫忙維繫房子結構的安全。我們想要吃到好吃且品質穩定的食物，所以我們需要遵照食譜的指引一步一步地操作。我們希望生病後能夠被治癒，因此人類發展出藥學來確保藥物的品質與藥效。

以上所談的一切的第一步都是「量化」，如果凡事沒有被量化就無法產生數字，無法被演算，無法被計量，無法支持與否決論述。因為「數字會說話」這句話聽起來超級有道理，很理性，而且很科學。但有時候人類會抗拒數學、反科學、也不願意心中所相信的一切被檢驗。好比說信仰、愛情、神鬼之說、靈異傳奇、直覺上的偏好、感動與迴避，都被認為不可以被「理性的工具」所侵犯。

我記得有一次我到法國參加「台法科技會議」，會中有位老師展現「腦機介面技術以及大腦活動與情緒的關聯性」，在報告完以後有另一位教授舉手反對認為「用機器讀取人腦的反應真是太冷酷了」。請問各位讀者認為這究竟是科技與理性對人類感性面向的剝奪？還是因為不明就裡所造成的反科技與反量化？

回到「數字會講話」這句人人都聽過，也很容易服膺的順口溜，一個複雜現象若被量化、被統計、再被分析與歸納後，似乎就很容易產生「令人信服」的論述。但是為什麼有些人認為「濫用數據」會是一種暴政？這與前述的「反科技」或「反對心智與情感被量化」是同一件事嗎？事實上並非如此。好幾年前開始台灣社會就興起「大數據」這個流行。然而當這個流行四處吹向政府單位與民間企業以後，就經常有學者提出警告。什麼樣的警告呢？若我們在一開始問錯問題、不清楚問題應該如何被量化指標所呈現、無法有效收集數據、弄錯統計、錯誤解讀統計結果，甚至對現象做出錯誤的預期，那麼不管收集再多的數據都會是「garbage in，garbage out」。

我們在日常生活中其實也經常受到數據的濫用、誤用，以及惡意解讀的干擾，好比說「民調」、「對社會議題的表態」、「產品銷量」、「食品安全」、「業績與升遷的關聯性」、「升學就業的選擇」都會有大量的論述宣稱是「統計分析」、「量化研究」與「實驗數據證明」。但如果我們對於問題的可預測性、議題的本質與元素、關聯性與因果性的差異、現象應如何被量化與統計，統計結果的合理解釋為何，甚至是數據與統計方法的限制一無所知的時候，這個社會就會充滿以數據支撐的偽科學、假中立與假理性。而這些假中立與假理性成為小至個人工作升遷，大至國家政策方向的基礎時，就會形成一種數據暴力。

當我們對它一無所知，就會無從反抗，只能默默被侵吞，或傻傻地相信而不自知。所以各位朋友準備好了嗎？除了好好理解這本書所點出的問題之外，我們是不是也可以重拾活到老學到老的熱情，再度認識數學、理性、科學、感性、直覺在人生中所扮演的角色呢？

各界推薦

我們都同意數據是相對客觀的證據，更是相對公平的評比工具，但當全民瘋大數據、將數字奉為最高圭臬時，反而讓我們迷失在漂亮數據的追求，忘記背後評比的本質和意義，這本書是傑瑞·穆勒在擔任大學系主任期間看到評鑑機制的扭曲而開始研究著筆寫下的反思，揭開了各領域適得其反的數字迷思，除了內容精彩紮實，更重要的意義是，對於現代講求更細緻的科學、更有力的分析趨勢來說，本書絕對是一個最真切的警醒。

——黃捷（高雄市議員）

這是一個數據至上的年代，我們從小就被訓練成要斤斤計較考試分數、學期成績、托福分數……出了社會以後由公司裡大大小小的ＫＰＩ數字來決定我們的獎金、升遷甚至去留：營業額、獲利、會員數、客戶滿意度……但是，我們有沒有想過，這些數字有時候不僅不能證明我們的價值與貢獻，甚至可能讓組織朝向錯誤的方向努力？

——萬惡的人力資源主管（作家）

這是一本適合產、官、學界各行各業管理者閱讀的書，深度追溯了評量文化的起源，也精闢分析了大專院校、醫療產業與企業的績效評量機制，讓我們深入思考數據評量的利與弊，進一步省思如何善用量化的數據，造成有影響力的質變。

——齊立文（《經理人月刊》總編輯）

天哪！終於有人出來說真話了，免於世界深陷在「績效評量」，無法自拔。為求數據好看，警察挑小案子辦、醫生挑成功率高的手術做、老師花費大量心力在做評鑑資料，而非準備課程。表面上看起來大家都贏了，但實際上，我們卻輸了。《失控的數據》用故事、數據、考證，精準點出績效評量出乎意料的負面後果。若你是個數據控，這本書保證讓你大開眼界。

——歐陽立中（作家、教師）

我們每一個人都活在一個被數據評量的生活裡，不管是學生時代的考試或工作的績效考核。但也許這種評量方式是一種錯誤，因為我們可以透過美化來操弄數據，或者藉由降低標準及扭曲資訊來改善數據。

這本書點出這些數據陷阱對公共政策以及商業、教育、醫療所造成的傷害，讓我們可以用更客觀的角度看待數據。非常推薦《失控的數據》，這是一本在二〇一九年值得珍藏的好書。

——蘇書平（先行智庫／為你而讀執行長）

穆勒真實再現「數字評估」造成的種種危害，不管是在學校、醫院、軍隊以及商場中，本書指出一個重大的問題。

——喬治．艾克羅夫（George A. Akerlof，二〇〇一年諾貝爾經濟學獎得主）

本書清楚指出，我們試圖依賴量化數據來改善組織表現一事，如何演變成一種操弄人心的文化。

——拉凱許．古拉納（Rakesh Khurana，哈佛商學院院長）

目錄

III 一切都被誤測了嗎？案例研究

IV 結論

序論

根據兩位創作者大衛・西蒙與艾德・柏恩斯的真實生活經驗所改編拍攝的HBO影集《火線重案組》，可以說是我們這個時代最重要的文化紀錄之一。這部影集聚焦在巴爾的摩這個美國城市，深入探討城市中幾個主要的機構組織——警察單位、學校單位、市政單位、媒體，並對這些機構的運作方式及其機能障礙，以X光般犀利、透澈的手法呈現。這部影集之所以能吸引全美各地的觀眾，主要是因為其所關注的政府機構失能問題，廣泛地反應出了當今西方社會的樣貌。

《火線重案組》中一再重複出現的主題之一，就是顯而易見的指標制度：以衡量績效來做為是否克盡職責的指標。警察局的指揮高層非常執著於達標，舉例來說：破了幾件案子、逮捕了幾名毒販、犯罪率是多少等等，他們會用各種不同方式，不惜犧牲工作效率也要達到統計數據上的目標。政治人物需要這些數字來證明警察確實成功地控制了犯罪率。所以警察單位會盡全力避免在自己的轄區內出現謀殺案件，如果販毒集團將屍體棄置在廢棄的房子裡，負責謀殺案件的警官不會希望有人發現這些屍體的存在，因為這樣一來就會降低「清除率」，也就是破案的指標比例。

《火線重案組》有許多情節是圍繞在認真工作的警探，為了打擊一位主要毒梟，進而追查與之相關的許多複雜罪案。但是要讓這些案子能夠成案需要好幾個月，甚至好幾年的時間，警局的高層人士於是出面阻止，因為他們想要的是藉由逮捕更多低階的小毒販來達成更漂亮的指標數字，但事實上這些小角色被逮捕之後，販毒組織立刻就會找人來遞補空缺。市長辦公室要求每年主要的犯罪率必須下降五個百分點，而要達到這個目標，就只能夠放棄那些真正的大案子，或是讓犯罪事實變得較輕微。無論是哪一種做法，他們都在「誘導統計數據」，也就是為了讓指標看起來更好看，於是扭曲實際結果，或是把時間和精力花費在比較沒有實際效用的工作上，而非真正用於防範犯罪的發生。

劇中另外一條故事線則是與一位前任警官有關，現在的他在一所中學裡教書，而這所中學所在的社區不但貧困，還有毒品氾濫以及家庭破碎等問題。這裡的學生成績都很差，而如果學生的考試成績再無法改善的話，學校就得面臨被關閉的危機。所以，在英語閱讀與寫作的標準考試舉行前六周，所有老師都收到了校長的指示，要把所有的課堂時間都用來練習考試，不要進行其他課程的教學（這種做法也被婉轉地稱作：「課程調校」）。「為了考試而上課」，就和誘導統計數據一樣，都是促使機關單位走上歧途的做法，因為學校真正該盡力的事情（教育）反而被忽略了，一切只求能夠滿足指標的需求就好，而學校的存亡也全仰賴於這個目標的達成與否。

這種扭曲的績效衡量指標所造成的影響，在大西洋另一邊的英國，也深有同感。[1]在英國有另一部由前執業醫師操刀撰寫劇本的電視影集，同樣也描寫了類似的現象。《屍體》（*Bodies*）這部影集是由傑德．莫庫里奧這位曾任職於醫院的前任醫師所撰寫，故事發生在一所大都會醫院的婦產科部門。在第一集裡，一位初來乍到此醫院的資深外科醫師為患有複雜多重病症的病人進行手術，但病人在術後不幸死亡。這位醫師的競爭對手於是給了他這樣的建議：「優秀的外科醫師會運用他優秀的判斷能力，來釐清哪種情況會為他優秀的能力帶來考驗。」意思也就是說，他會避免進行高難度的手術，如此才能維持他的手術成功率不墜。這是經典的「美化手法」，也就是盡量避開會對自己的績效產生負面影響的高風險狀況。這種策略的代價就是，在醫生拒絕進行手術的情況下，手術風險較高的病人幾乎毫無疑問地會死亡。

《屍體》是一部醫療影集，但其中所描繪的現象卻真實存在於這個世界之中。舉例來說，為數眾多的研究已經顯示出，只要是根據手術成功率來評量外科醫生或是給予酬勞，部分醫生就會拒絕為那些症狀複雜或是生命垂危的病人進行手術。排除較困難的病例——也就是那些比較有可能出現不好結果的病例——能夠提升醫生的手術成功率，也因此提升了他們的績效指標、名聲，以及報酬。而要為此付出代價的，當然就是那些因為被排除在外、失去生命的病人。但這些死去的人並不會出現在這些指標數據裡。

我們將在後續的內文看到，為了達成指標的矇騙伎倆出現在所有領域之中：警政系統；小學、中學以及高等教育系統；醫療領域、非營利組織；當然還有商業領域。這些矇騙手段只是我們以績效指標來做為獎懲基準時，無可避免會出現的其中一個問題而已。有些事情可以被評量，有些事情值得被評量，但是可以被評量的事情並不一定都是值得去評量的事情；許多被評量的事情跟我們真正想知道的事情完全沒有關係。進行評量所必須付出的代價可能會比它的好處更多。花時間和精力來進行各種評量，很可能反而荒廢了我們真正在意的事情。而評量可能會帶給我們扭曲的訊息——那些看似具有公信力的其實充滿了欺瞞的訊息。

我們生活在一個有評量才有公信力的時代，也是一個依照評量績效獲得獎勵的年代，更是一個相信要「透明化」地公開評量指標才是正確做法的年代。但這種以透明化的評量指標來確認事情具有公信力的方式卻充滿了謊言。事情有公信力應該意味著某人對自己的行為確實負起了責任。但是只要有技巧地操弄語言文字，公信力就變成透過標準化的評量方式來展現自己的成功，彷彿只有能夠被評量的事物才是真正重要的。而另外一個大家習以為常的假設是，要有「公信力」就一定要將經過評量後的績效公諸於世才算數，也就是「透明化」。

對指標的固著（metric fixation）表面上是一股難以抵擋的壓力，使我們不得不進行績效評量、不得不將之公開，並且按照表面的證據來進行獎勵，但我們經常會發現，這些表面的證據其實並沒有太大的說服力。

我們也會看見，如果能善用，評量會是件好事；資訊透明化也是。但是它們同時也很可能被扭曲、替換、轉移、混淆，甚至造成阻礙。我們已經注定要生活在一個評量的年代，而且是一個遭到錯誤評量、過度評量、誤導評量，以及評量適得其反的年代。這本書要說的並不是「評量」有多邪惡，而是在嘗試以標準化的績效評量來替代個人根據經驗所產生的判斷之後，隨之出現的那些出乎意料的負面後果。問題並不是評量，而是過度評量以及不適當的評量方式——錯不在指標，而是在於對指標的固著。

經常會有人這麼告訴我們：收集績效評量的指標，然後將這些數據公諸於世，是得以改善我們的機構運作效能的方法。任何一個領域都不像醫療領域這般努力地以公信力、績效指標以及透明度來進行宣傳。會這麼做我們也很能夠理解，因為沒有任何一個領域比醫療領域所要承擔的風險更高。健康事業不僅占了全美經濟超過百分之十七的比重，而且人命關天。當然，這個邏輯很適合這個領域，評量眾人的績效能夠幫助節省金錢並拯救性命。

收集「外科醫師的成功率」或是「醫院病人的存活率」這些標準化的資訊，理論上應該會很有幫助。因為如果醫師或醫院是由政府機關或私人保險公司，以病人的存活率為基準來發放酬勞和經費，那麼，這的確會是讓醫師和醫院願意為病人提供更好照護的良好動機。如果醫師和醫院的成功率能夠公開，隨之而來的透明化資訊就能讓大眾可以從中挑選。從各方面來說，指標、公信力以及資訊的透明化，能夠為醫療專業領域中的所有弊病提供一個解決方法。這種做法怎麼會有問題呢？

問題其實很多。如同我們已經親眼看見的各種狀況，當分數被用來當作獎賞與懲罰的基準時，外科醫師和其他同樣也身處監督制度之下的人，就會開始美化自己的績效，也就是會避免處理高風險的病例。當醫院因為手術後無法存活超過三十天的病人比例太高而受到懲罰，有時他們就會用盡方法讓病人活到第三十一天才過世，這樣一來，這位病人的死亡就不會反映在醫院的指標數字上。[2]

在英國，為了要降低急診室的等候時間，健康部門採用的做法是，急診室候診時間超過四小時的醫院就要受罰。這個做法奏效了——至少表面上如此。事實上，有些醫院為了應付這個罰則，只好把送來的病人留在救護車上排隊，也就是讓他們在醫院的大門外等待，一直到醫護人員確定病人可以在四小時之內接受醫師的診療為止。[3]

我們接下來會更深入探討醫療領域在這方面的各種問題。但更令人震驚的是，發生在照護領域的問題，同樣也出現在其他許多機關之內——在十二年國民教育和大學教育系統；在警察機關和其他公家單位；在商業與財務領域，以及慈善團體都可以看見。在這些領域工作的人都曾在他們所屬的單位中察覺到這樣的問題存在。而社會學家也曾在這些領域之中進行過檢驗與剖析。不過，絕大多數人忽略的是，在很大範圍的各種機構中，績效指標、公信力與透明度一再出現相同的負面後果。[4]

如同其他許多深入觀察，一旦察覺到指標固著的狀況之後，你很容易就會在幾乎所有地方發現到它的存在，絕不只是在電視影集裡。

「指標固著」這個引人注目的詞其實無所不在。Google 的 Ngram 程式可以在瞬間搜尋上萬本掃描上網的書籍與出版品，提供了一個粗略但具有大致輪廓的概念，讓我們看見自身文化與社會的變遷。將參數的年分先設定好，輸入一個詞彙或者一句話，接著就會跳出一張圖表顯示從一八〇〇年到現在為止，這個詞彙被使用的頻率變化。輸入「公信力」（accountability），你會發現這條線從一九六五年開始向上成長，並在一九八五年前後出現急速陡升的狀況。「指標」（metrics）這個詞彙也是同樣的情形，大約在一九八五年左右開始急遽成長。「基準」（benchmark）也出現了相同的成長模式，另外還有「績效指標」（performance indicator）也是。

這本書要討論的是，儘管這些東西很可能是相當有價值的工具，但公信力指標的優點已經被過度誇大了，而為了它們所要付出的代價通常都沒有獲得大家的重視。這本書提供了原因與結論，以及如何避免指標固著的預後方式，消除其所帶來的痛苦。

指標固著最明顯的特徵就是抱持著滿腹熱情，寄望以標準化評量來替代根據經驗所下的判斷。因為大家都認為這種判斷很個人、很主觀，而且有利己的成分在內。相反地，「指標」理論上應該能夠提供既確實又客觀的資訊。這個策略為的是要提供獎賞給那些達到最高指標或是達成預期基準與目標的人，並懲罰那些落後的人，藉此改善機構的效能。根據這樣的假設所形成的策略已經大行其道數十年了，而持續急速上升的 Ngram 圖表也顯示，它們所假設的事實依然所向披靡。

值得肯定的是，在許多情況下，根據標準化評量來做出決策，確實比根據個人經驗與專業所做的判斷要好得多。依據大數據所做出的決策非常有用，因為相較之下，任何單一執業人員的經驗可能都太過有限，不足以產生直覺感想或是值得信賴的效能衡量結果。比方說，當一位外科醫師遇到了擁有罕見病症的患者，他會從結合了許多病例所做出的標準化處置準則中，獲得比較好的參考資料。核對清單（或說標準程序表），確實在航空業、醫療業等許多領域中被證明是不可或缺。[5]如同在《魔球》這本書中也曾提到，有時在看統計分析資料時會發現，某些經過明確評量卻受到忽視的特徵，其實比那些根據經驗累積所產生的直覺認知更為重要。[6]

在明智而審慎地使用下，評量之前所沒有評量過的事物確實會帶來好處。想要評量績效的這種意圖（儘管充滿了意想不到的陷阱，我們後面會看見），就本身而言還是有其必要。如果實際上真正受到評量的事物，是原本就計畫要評量的事物的合理替代品，同時結合人為判斷，那麼這樣的評量就能夠幫助執業人士評估自己的表現，無論是個人或機構的表現都一樣。但當這樣的評量變成一種用來獎賞和懲罰的準則，亦即當指標變成了論質計酬或論排名計酬的基準時，問題就來了。

評量績效的手法充滿了欺瞞的吸引力，因為它們經常是藉由找出最極端的錯誤或疏失案例來證明自己的合理性，接著便將這樣的標準套用在所有情況之中。適合用來找出錯誤行為的工具於是變成了用來評量所有表現的工具。績效評量最初的結果可能會讓表現較差的人有所改善，或是被市場淘汰。但在許多情況下，標準化評量的延伸使用可能會削弱公司的動能，甚至會適得其反——從有意義的解決方法變成了純粹的指標狂熱。畢竟，當人開始要去評量那些無法評量的事物、量化那些無法量化的事物時，評量就會適得其反。

權力、金錢與地位這些實際的利益也會因此岌岌可危。指標固著會導致資源從前線生產者手中轉移到管理者、行政人員，以及那些收集並操弄數據資料的人手中。

當管理者將指標當成是用來控制專業人士的工具時，通常都會在這些想要進行評量並獎賞的管理者與具有職業性特質的專業人士（醫生、護士、警察、教師、教授等等）之間，製造出緊繃的氣氛。

這些具有職業性特質的專業人士都是在接受過額外的教育及訓練之後，精通某種特殊知識的人，看重自主權與掌控權更甚於工作。對於自身所屬的專業社群有一定的認同，認為自己對同事負有責任，也對內在獎賞*有極高的評價，並且對客戶喜好的看重程度更甚於對成本的考量。[7]

這種緊繃的氣氛有時是必須的，也是值得的，因為專業人士傾向於無視業務成本與機會成本。專業人士很容易只會看見提供更多自身的專業服務所能帶來的好處，卻不太會關心資源有限的問題，或是考慮使用替代性的資源。專業人士不喜歡去想成本的問題，重視指標的人卻很喜歡。當這兩群人同心協力一起工作時，結果很可能會讓兩邊皆大歡喜。但如果他們彼此互相找碴，結果就會是衝突以及愈漸低落的工作士氣。

有時候原本合理的指標變成了一種指標狂熱，進而危害到既得利益，問題就出

＊譯註：intrinsic rewards，意指在從事某種工作或活動時獲得樂趣與成就感等正向感受，而讓自己感到愉快滿足，進而自發性地喜歡繼續從事這份工作或活動；也就是，從事這項工作或活動本身便是一種獎賞。

在於人們毫不懷疑地接受了指標的意識型態。如同每一種文化，指標公信力這種文化也有屬於自己那不可質疑的神聖地位及其獨有的盲點。[8]

你可能會疑惑為什麼一位歷史學家會跑來寫一本關於指標氾濫橫流的書。原因在於我意識到，我的職業經歷中所遭遇到的麻煩狀況，其實反映出我們這個社會正在上演的更大規模問題。就在我了解到對我狹窄的專業領域造成破壞的文化模式，同時也正在席捲現代的各種機關單位時，微不足道的不滿於是演變成了大規模的分析。

我是因為自己在私立大學擔任系主任時的經歷，而受到這個主題的吸引。系主任這個工作有許多面向：監督教員同事，從旁協助他們成長為優秀的學者與教師；聘用新教員；努力確保必要的課程能夠順利開設；與各學院院長及其他大學的行政人員維持良好的關係。這些工作都是我身為系主任這個角色最重要的責任：教學、研究，讓自己跟得上專業領域前進的腳步。

對於能夠同時扮演這些角色，我個人感到相當心滿意足。將時間投注在思考探索，並與教員同事一起努力，讓他們逐漸成為更好的教師與學者。我很驕傲我們系上能夠提供許多涵蓋領域廣泛，且教學品質優異的課程，而我們與其他系之間的關係也非常融洽。教學、研究和寫作需要投注大量的心力，但也讓人感到非常充實滿足。

沒多久，事情開始出現變化。一如所有的學院和大學，我們學校每十年得接受一次授信機構的評鑑，也就是高等教育認證委員會（Middle States Commission on Higher Education）的評鑑。委員會發表一份報告，要求為了未來的評量基礎做準備，必須制定更多的衡量指標——「評量」這個關鍵字在高等教育體系中，代表的是要進行更多的績效評量。很快地，我發現得把愈來愈多的時間花在日益增加的統計數據問卷上，回答那些有關系上各種活動的問題，這讓我不得不壓縮原本用來教學、研究以及監督同仁的時間。

現在有了新的評量方式來評鑑我們系所主修科目的畢業條件，但新方法完全沒有為我們之前使用的評量工具（也就是評分），帶來任何幫助。我想出了一個能夠快速處理這些事情的方法，可以不必占用教師們太多的時間，那就是，將每位教師得到的分數轉換成單純為了評量而設計的四個級數。隨著時間過去，最後大學不得不聘用更多專業的資料分析員來收集並處理這些資訊。（從那之後到現在，事態甚至已經演變到校方得聘用一位副校長來專責處理資料分析這件事。）

其中一些報告確實很有幫助，例如，製作出可以呈現每一門課程平均成績的報表。但是絕大部分的資訊其實都沒有什麼用，而且根本沒有人會去看。可是一旦被熱愛記錄績效的文化席捲，系主任們一回頭就會發現自己早已置身於一場資料的角力賽之中。我帶領我們系走過了長達一年的系所自我評鑑，以結果來看，這是場還不錯的練習。但是在把評鑑報告向上呈給官僚體系的過程中，我不斷被強烈要求在附錄中多增加一些統計數據，因為如果我不這麼做，我們的報告看起來就沒有其他系所的那麼精確嚴謹。有位系主任（同時也是位嚴謹的資深學者）幾乎把一整個夏天的時間，都花費在製作一本檔案夾那麼厚的資料上，其中還包括各式彩色圖表，就只為了要說服院長，他們系上需要再多聘一位專職教師。

我的經歷雖然還不至於到痛苦的程度，卻也讓人不太舒服，就像是被針刺到的疼，而非遭拳頭毆打的痛。但是這刺激我更深入地去探尋，造成讓我們這般浪費時間與精神的力量究竟是什麼。高等教育認證委員會，這個激發眾人蒐集更多資料的源頭，完全是聽從美國教育部的指令來運作。教育部在部長瑪格莉特・史佩林斯（Margaret Spellings）任內，召集了一個「高等教育未來委員會」，而這個委員會在二〇〇六年發表了一份報告，強調他們需要更強的公信力並收集更多的資料，並指示各地區的認證機構以「績效成果」做為評鑑的核心。[9]

這種評鑑模式層層向下來到了地方的認證委員會，然後再從認證委員會進入我所在的大學行政單位，最後掉到我的頭上。史佩林斯在老布希總統任內曾經擔任過國內政策委員會的主任委員，二〇〇一年時的教育政策是「沒有孩子落於人後」。一開始，我認為以學生在標準化考試中的成績為基礎，將評鑑擴展到教師與學校身上，這樣的法規是很正面的一步。但隨著時間過去，我開始聽見過去的支持者對這種做法所發出的批評聲浪益發猛烈，像前任教育部次長黛安・拉維奇（Diane Ravitch）就是其一。而我所認識的第一線教師們也跟我說，儘管他們熱愛教學，但有愈來愈多的系統化教學方式，只是為了要讓學生在考試時能有更好的成績，這讓他們漸漸喪失對教書的一片熱誠。

因為這些原因，我開始運用自身的專業智識來進行調查，當代這種重視績效評量與獎勵，並逐漸滲透愈來愈多公司與機構的文化現象，其更廣泛的歷史與文化根源何在。我的專業興趣一向都是在歷史、經濟、社會學與政治學的交集上。我一直都對我們所謂的「公共政策」的歷史相當感興趣，也出版了一本關於亞當・史密斯這位公共政策分析家的書。另外我也寫了幾本書來闡述歷史上曾經運用過的公共政策保守策略，以及一些相關的思想家，像是麥克・奧亞克索特（Michael Oakeshott）與弗里德里希・海耶克（Friedrich Hayek），現在看來，他們都對我們現今的績效評量崇拜提供了相當重要的觀點。

我也一直對資本主義的歷史很有興趣，特別是知識分子認為社會、道德與政治上必須先具備的條件有哪些，以及商業化所帶來的後果是什麼。我所撰寫的幾位西方知識分子一再重複提及的關注焦點在於，那些概念性想法所帶來的潛在影響不但有害而且始料未及，還有商業與經濟規則的感染力為我們生活各個層面所帶來的衝擊。有鑑於此，我個人在專業上感到不滿的經歷算是個意外的收穫，刺激我在廣泛的興趣中進行深入調查。這本書在精神上受到馬修・阿諾德（Matthew Arnold）這位偉大的維多利亞時代文化評論家，以及我的老師羅伯特・金・莫頓（Robert King Merton）的支持，特別是我的老師莫頓，他教導我要去探尋社會行為中未能事先預見以及意外造成的各種後果——還有學術上的意外發現。[10]

就在我剛開始調查這些議題時，發現了一本由哈佛商學院出版、拉凱許・古拉納（Rakesh Khurana）撰寫的書《崇高目標變成了從高統治》（*From Higher Aims to Hired Hands*），令我大開眼界，得以一窺商學院的學術演進史，以及商學院所教授的課程所帶來的廣大影響。這些深刻的洞察導引我對管理學的文化與觀念改變，展開範圍更大的研究，而亞德里安・伍德瑞吉（Adrian Wooldridge）在他的著作《巫醫》中，將之精彩描寫成一種時而讓人難以捉摸的天性。（這本書再版時改了一個比較親切的書名《管理大師》（*Masters of Management*）。

於是我開始參考涵蓋範圍極廣的各類學術論文，從經濟學到政治學，從歷史到人類學、心理學、社會學、公共行政，以及組織行為學。我以現實世界中真正的老師、教授、醫師以及政治人物為對象，進行了大規模的社會科學研究。

而在各個領域中調查其學術發展脈絡的過程中，因為各學術領域之間彼此所設下的藩籬太高，再加上學術研究與真實世界的實戰應用之間也有著一道鴻溝，讓我屢屢受到挫折。比方說，我非常驚訝地發現，近期經濟學中關於企圖與動機的學術論文，其實只是將心理學早就已經發現的事情形式化而已。但許多由心理學家發現的事情，對管理者來說早就已經是定論了。然而，儘管在心理學與經濟學的廣大學術領域中，已經對績效評量的前提及其獎勵的有效性提出了疑問，但發表的文獻似乎沒有對停止指標固著的持續蔓延做出太多表示。[11]

這就是為什麼我要寫這本書的原因。這本書中幾乎沒有任何全新的觀念，而是根據其他多位作者的研究與觀點結合而成的論述。許多與我所謂的「指標固著」有關的效能不彰狀況，也都曾經在不同領域的學術著作中被記錄下來並進行分析過，這些領域包括了：教育、醫療、警察單位、營利企業與非營利機構。也有幾位主修組織行為學的學生，在學術研討會中發表對組織機構更大規模的成敗模式所做的分析。

目前為止還沒有人做的是，將這一切整理在一起，並讓所有在這類機構中工作以及做決策的人都能夠獲得這些資訊，從決定教育及醫療體系命運的政治人物，到公司企業的董事會成員，再到學校以及非營利組織的信託基金，最後來到實際執行的勞工（比方像是系主任）。**就更大的範圍來看，只要想了解為什麼許多現代組織機構的功能無法達到應有的預期，而且生產力不但受到影響，也讓在身處其中的員工感到沮喪的主因，都很適合閱讀本書。**

儘管本書對許多現代機構組織的經營智慧多所抨擊，但我攻擊的目標並非創新的智慧，而是那些過於老練的智慧。至於急著想把書中論述歸類到現有的幾種意識型態架構中的讀者要失望了，因為書中的論述不僅取自於各個不同的學術領域，也廣納各種不同的政治觀點。我引用了所有我可以找到的證據和觀點，無論它們來自何處。我希望讀者也能以同樣開放的心態來閱讀這本書。

I

論點

1 論點簡述

這幾十年間，有種文化模式逐漸變得無所不在，蔓延吞噬了極大範圍內的各種組織。根據個人的喜好，可以稱之為文化的「模因」、「見識」、「典型」、「敘事」、「自我強化修辭學」[1]，或者就簡單地說它是種時尚。它擁有自身專屬的語彙及專有名詞，影響了人們談論這個世界的方式，也連帶影響了人們如何「看待」這個世界，以及如何在這個世界中「行動」的方式。[2]為了方便討論，姑且讓我們稱之為「指標固著」。

指標固著的關鍵前提是，對「衡量」與「改善」兩者之間關係的重視。十九世紀的物理學家克爾文勳爵（Lord Kelvin）有句格言（但事實上並不是他說的）：「如果你不能衡量某事物，你就無法改善它。」一九八六年美國管理大師湯姆．彼得斯對這句話大表贊同：「能夠被衡量的事，才能夠被做好。」這也成為了指標信仰的基石。[3]而隨著時光推移，某些人得出的結論就是：「能夠被衡量的事，才有改善的空間。」[4]

當那些提倡指標的人開始大力擁護「公信力」時，他們巧妙地將這個字的兩種意思結合在一起。從一方面來說，有公信力表示要負責任，但它同時也可以被解釋為「能夠被計算出來」。支持「公信力」的人通常都會假設，唯有仰賴計算所得出的數字，才能讓機關單位負起責任。因此，績效表現就被簡化成了可以標準化衡量的數據。支持指標的人大聲疾呼要「資訊透明化」，他們經常會迂迴地暗示，誠實就等同於盡可能地提供精確且實際的資料。結果就是永遠都需要有更多的證明文件、更多的願景聲明，以及更多的目標設定。[5]

指標固著的關鍵要素有：

- 相信這種根據標準化資料（指標）來呈現個人績效的數據，能夠替代個人以其經歷與專長所下的判斷，而且有其必要。
- 相信將這種指標公開（資訊透明化），能夠確保機關單位確實執行他們的工作（變得有公信力）。

■ 相信按照績效評量所做的獎勵與懲罰措施，能夠讓機關單位內的工作人員更有動力，而獎勵不外乎是金錢（論質計酬）或名聲（排名）。

指標固著即是對以上這些信念的執著，儘管在實際應用之後會出現意料之外的負面後果也依然不改初衷。[6]會發生這樣的狀況是因為，並非所有重要的事情都能夠被衡量，而許多受到衡量的事情其實並不重要。（又或者用一句大家耳熟能詳的話來說，就是：「能夠被計算出來的，不一定重要；重要的，不一定能夠被計算出來。」[7]）

絕大多數的機關單位都背負有多個不同的任務目標，而那些受到衡量及獎賞的項目會變成關注的焦點，代價就是犧牲了其他重要的目標。同樣地，許多工作都有多個不同的面相，只去衡量其中幾個面向會讓人想要放棄其他的面向。[8]當機關單位將精力投注在某一個面向的指標上時，他們通常都會再加上更多的績效評量項目——而這麼做就會創造出一大堆相關資料，但這些資料比之前的更加無用，而且收集這些資料所要耗費的時間與資源會比之前更多。

在這個過程中，工作的本質被轉換成了有害的東西。專業人士大多很討厭不合理的目標要求，因為這很可能會與他們的職業特性及判斷產生衝突，因而降低了他們的品德。幾乎是無可避免地，大部分人都會透過各種方式來操作績效指標，而其中的許多方式最終都會對他們所屬的機構或單位帶來成效不彰的結果。他們會美化數據，或是只處理那些能夠改善績效指標的案子。他們不會呈報有負面影響的事件，而最極端的狀況就是，他們會捏造證據。

指標固著最常見的特徵就是按質計酬，也就是，提供個人或機關金錢誘因，好讓他們能夠達到合格的條件。在唯一的目的就是賺取利潤的機構中，這麼做或許會很有效，雖然我們很快就會看見，就算是在這樣的機構中也很少有成效卓著的案例。而在那些雇員對工作懷抱著更高理想性的機構中，像是學校、大學、個人診所和大型醫院等等，效果當然就更差了。只要獎賞和績效評量綁在一起，指標固著就會變成是一場欺瞞的遊戲。

由於按質計酬背後的動機理論窒礙難行，結果通常就是會與預期不符。在一九七五年，兩位分別在大西洋兩端的社會學家，同時找出了典型的機能不彰模式，儘管看起來像是兩個獨立的發現。其中一個是根據美國社會心理學家唐納德·坎貝爾（Donald T. Campbell）所命名的「坎貝爾法則」（Campbell's Law），其論述為：「使用愈多量化的社會指標，來做為社會決策的依據，就愈是容易屈服於腐敗的壓力，也愈容易扭曲並破壞原本該指標意欲監控的社會進程。」[9]

而另外一個理論是「古哈特法則」（Goodhart's Law），它是以計算出這個模式的英國經濟學家所命名，它的說法是：「任何一種做為控制之用的衡量方式都是不可靠的。」[10]換句話說，任何可以被衡量並據以獎賞的東西，都會被操弄。我們將會看到許多跟這個主題有關的各種情況。

試圖強迫他人的工作必須符合一個事先預定好的數字目標，這種做法往往會扼殺創新與創意——而在所有環境中創新與創意都是最具價值的特性。這麼做幾乎無可避免地只會導致短期目標的評估變得比長期目標更重要。

在那些缺少真正可行方法來解決問題的情況中，收集並公開這些績效資料的做法，只不過是做個樣子給別人看，讓人知道你也跟得上時代罷了。事實上並沒有任何可以拿得出來給人看的實績，但是花費在收集並公開呈現這些數據的心力，卻能夠讓別人有種你很誠實、勤懇的感覺。衡量方式的進步取代了真正工作的進步，並成為一種成功的假象。我們後續將會看見教育的「成就落差」（achievement gap）。

即便經常出現指標沒有效的證據，但世人對指標有效性依舊如此深信不疑，指標固著便帶有如同邪教般的成分在內。那些呈現出它缺乏有效性的研究，不是完全不受重視，就是會遇上有人斷言「我們需要更多的資料和更好的評量方式」。指標固著，最初是希望能夠效法科學的精神，但卻經常比較近似於宗教式的信仰。

說了這麼多，其實並非是要宣告衡量是沒有用處的事情，或是它本質上為邪惡不仁的東西。這本書的目的之一就是希望能夠說明什麼才是真正有效的績效指標——該如何使用指標才不會出現指標固著的障礙。

在下一章〈一再出現的瑕疵〉中，我會將使用績效指標時，最常出現的瑕疵進行分類。定義並標示出這些瑕疵可以讓我們在之後比較容易回頭來談論它們。接著，在第二部分，我們會檢驗指標固著的源頭何在，以及儘管它經常出現錯誤，卻依然持續向外擴散且屹立不搖，而誰又該為此負責，此外，我們也會探討一些關於指標固著的缺點更深層的哲學根源。

第三部分則包含了關於近期指標紀錄的研究，以及它在各個領域中的成功與缺失，包括了十二年國民教育、高等教育、醫療、警察體系、軍隊、商業、慈善事業以及外國援助。這些案例研究都只是參考用的建議，而非絕對的定論。也就是說，它們並不會直接談論到指標固著在每一個領域中所出現的樣貌為何。相反地，這些研究會提供具體的案例，讓我們看見那些一再重複的瑕疵以及原本沒有預想到的後果，同時也有成功運用指標的案例，而我們也能夠從其中學習如何將之應用在其他領域。

在第三部分之後則是一段簡短的補述，說明關於「透明化」在某些領域中其實是績效指標的敵人。最後，第四部分則是將焦點拉回到之前的分析，列舉出指標固著所產生的意外負面結果，並提供一些原則，讓你知道能在何時及如何發揮指標的作用，同時不需要屈服於指標固著的壓力之下。

2 一再出現的瑕疵

我們之所以會有想要採用指標的念頭，通常都是出於最良善的目的，它就像是一個宣稱能夠解決問題的方法。而在某些情境中我們也會發現，它的的確確實踐了它的諾言，提供了解決問題的辦法，或至少對於解決問題有所貢獻。但在經歷了指標帶來負面效果長達數十年之後、在指標障礙已經威脅著要侵入更多機關單位之際，我們應該要能夠預先察覺它那一再出現的瑕疵。以下是一份幫助我們指認並記住這些瑕疵的清單。

讓我們從扭曲資訊這個問題開始：

衡量最容易衡量的項目。人類有種天性，自然而然地就會想要試著聚焦在容易衡量的要素上，藉此來簡化問題。[1] 但最容易衡量的東西很少會是最重要的東西，而且有時候根本一點都不重要。這就是指標障礙的第一個來源。

而與此有緊密關係的是，**當我們想要的結果非常複雜時，我們就會去衡量最簡單的項目**。大部分的工作都負有多重的責任，而絕大多數的機關單位也都有多重的目標。只聚焦在衡量單一一項責任或目標上，通常會導致虛假不實的結果。

衡量投入而非結果。衡量某個工作計畫所花費的金錢或是所投入的資源有多少，而非衡量努力的成果，這通常是最容易做的事。所以機關單位會去衡量他們花費了多少，而不是他們產出了多少，又或者他們只會去評量生產過程，而非產品本身。

因標準化而降低了資訊品質。量化是非常誘人的事，因為量化能夠整理好資訊並將之簡化。它提供了數據化的資訊，讓我們能夠輕鬆地比較不同的人和機構。[2] 但是這樣的簡化可能會導致資訊的扭曲，因為要讓事情可以做比較，通常就意味著它們的來龍去脈、歷史和意義都已經被剝除了。[3] 結果就是，這樣的資訊看起來會比它實際上更可靠也更有權威性：所有的限制、模糊地帶以及不確定性都被拿掉了，沒有什麼比用數字更能夠創造出資訊的美麗外表。[4]

面對著重大的輸贏時，眾人將無可避免地操弄指標，坎貝爾法則和古哈特法則都對此提出了警告。操弄指標可以有好幾種方式：

以美化的方式來操弄指標。當執業人士發現有更簡單的目標，或是有他們認為風險較小的偏好客戶時，就會出現這種狀況，這麼做可以讓他們更容易達成指標目標，他們也會拒絕接受那些讓他們難以達標的案子。

藉由降低標準來改善數據。一種改善指標分數的方式就是降低計分的要求。舉例來說，想要提高高中和大學的畢業率，可以藉由降低把學生當掉的門檻來達成。又或者航空公司可以延長每一航段的飛行時間，來改善他們的準點率。

藉由省略或扭曲資訊來改善數據。這個策略的做法是，將不太好看的事件省略不提，或是將事情分門別類，好讓它們消失在指標的項目之中。警察單位可以將重罪犯登記為輕罪，或是根本就不記錄在冊，如此一來便能夠「降低」犯罪率。

作弊。越過操弄指標這條線的下一步就是作弊——這種狀況發生的頻率會隨著指標影響的重大程度而增加。我們接下來就會看見，隨著二〇〇二年推出的「沒有任何孩子落後」政策增加了學生考試成績對學校的重要性，許多城市的老師和校長都會用竄改學生考試答案來因應指標的要求。

II
背景

3 評量制度與按質計酬的起源

「公信力」、「指標」以及「績效指標」已經成為一種廣為流傳的文化特徵了。擁抱它們能夠保證你在歷史進程的列車上占有一席之地，而沒有任何政治人物、單位主管、大學校長或學校督察，希望自己落在他人之後。當指標成為這個世界的流通貨幣，想拒絕使用它就得冒上破產的風險。那些在選舉中當選的政治人物以及基層管理者，都背負著必須清償的壓力。

這種指標暴虐宰制你我的情況究竟是怎麼發生的？又是為什麼呢？

按質計酬的幾種起源

在自由市場之外的機構組織，若能按照衡量的績效來支付薪水，效率將會更高，這個想法最初似乎是由英國維多利亞時代的政策制定機構發想出來的。一八六二年，羅伯特．洛伊（Robert Lowe）這位主管教育委員會的自由黨議員，向政府提出了資助學校經費的新方法，而這個方法的基礎正是「按照結果來發放經費」。洛伊在一八五六年帶領著國會上下，在資本主義的歷史中埋下了這個有如種子一般的立法法案，表現相當突出，而這個法案就是「合股公司法」，跟前一年通過的法案「有限責任公司法」合在一起，開創了以責任有限為基礎的公司法新局。先從改革商業結構開始做起，洛伊接著又著手改革政府對學校的資金挹注方式。

洛伊的方案依據的是這個前提：「一個國家在國民義務教育中應盡的職責就是……盡最大的可能讓學生進行最大量的閱讀、寫作以及算術。」[1]而政府則會依據學生在三個「R」*的表現好壞，來決定發給學校的經費是多少。每間學校每年都會有督學來巡視一次，對所有學生進行英語及算術的測驗。而每一個沒有出席或是沒有正確回答問題的學生，都會讓學校在政府發放的經費中被扣掉一點金額。洛伊的改革有一部分是希望能夠降低政府的花費，但更重要的是，想根據可以衡量的基本實用技能測驗結果，來發放學校的經費，並藉由按質計酬的方式，讓教育符合

*譯註：即閱讀、寫作與算術。

他以市場為導向的原則。[2]

洛伊的方案受到馬修·阿諾德這位偉大文化評論家的質疑，阿諾德白天的正職工作正是政府派任的督學，他所監督的每一間學校也正好都是洛伊想要著手改革的學校。阿諾德不斷地提出警告，反對繼續擴展這種適用於生活其他層面的市場機制。帶著一股勇氣，阿諾德發起了一場砲火四射的攻擊，公開反對他在政治場域中的頂頭上司。在一篇名為〈一修再修的法規〉的文章中，阿諾德大力抨擊，認為不該將這種在概念上既狹隘又機械化的法規加諸於教育系統上。他也指出，閱讀的智能發展主要並非來自於狹隘的制式閱讀課程，而是日常在家中的教化吸收，要是學生的家庭無法做到這一點，那麼，學校更應該要創造一個能讓人發自內心想要閱讀的環境。因此，學校之所以存在的目的，應該是要做「日常的智識教化」，少了這樣的做法，學生閱讀與寫作的能力就不可能會有發展。[3]

他也悲嘆，政府如此想方設法，只想在最基礎的教育上提供經費就好，並沒有為「那些生活在最底層，希望能藉由教育翻身的人著想」。[4]有非常多貧困的學生無可避免地會在進行年度評鑑測驗時缺席，又或者是根本無法通過測驗，阿諾德預測，這個改革提案的淨效應將會是窮人學校的經費被刪減。他的結論是，民眾的教育會「不計代價地被擁護經濟的人」給犧牲。[5]

阿諾德也常發現，在他督察的學校中學生要消化大量的事實和算術題目，但卻缺少了分析的能力，導致最終無法理解任何幽微細膩的散文或詩詞。他們被教導不要去思考推理，而是盡量把知識塞進腦子裡就好。[6]不論是在政府採納了「按質計酬」之前與之後——特別是之後——他都批判過這樣的教育方式「太過缺乏智識形成的要素與人性……最重要的是，從那些行政官員的觀點看起來有價值的結果，事實上只不過是個機械裝置罷了」。[7]這種把教育當作機械裝置，制式化能夠被衡量的閱讀、寫作與計算能力，同時以衡量結果換取獎賞的概念，在之後的數十年間規律地起伏漲落，並在二十世紀末達到了高潮。

在每一次的浪潮高點，我們都會見到像阿諾德這樣的評論家，他們全都直指將獎勵與標準化衡量綁在一起所必須付出的代價。

績效衡量：科學管理

從一九一〇年開始，在橫掃全美教育界的學校效能改革運動中，已經可以看見指標固著的跡象，之後又持續了數十年之久。一九一一年，辛普森．佩登（Simpson Patten）這位任教於華頓商學院、極具影響力的經濟學教授，要求學校提供能夠「立即被看見並且受到衡量」的證據，來證明他們對社會的貢獻。[8]而其他即將成為改革分子的人士，也力求將工業化效率革新運動的成果帶入學校系統之中。這場運動是由泰勒（Frederick Winslow Taylor）所開創，他是位美國工程師，在一九一一年打造出「科學管理」這個名詞。[9]泰勒對生鐵工廠的製造過程進行了分析，他（根據工時研究）將製造生鐵拆成好幾個步驟來進行，並且判定每一個步驟的標準產值各該是多少。執行工作時，動作比前述標準值慢的工人，每一單位產量所拿到的工資會比較低；而那些達到預期的工人，則可以得到較高的工資做為獎賞。泰勒還費盡心思地開發出一套綿密的系統用以監控工作現場。[10]他的目標是要增加效率，所採取的方法則是將廠房內的工作標準化並使工作的速度加快，創造出最大的產能。

將工作特製化並標準化、記錄並報告員工的一舉一動、用錢做成的紅蘿蔔和木棍——這些都是泰勒遺留給後世的資產與訓誡。

科學管理的基礎就是，將工人隱藏在心中的知識替換成由管理階層開發、計畫並監控的量產方法。「在科學管理之下，管理階層先接下重擔，將過去由工人所把持的傳統知識整合在一起，並將它們分門別類、列表顯示，然後將這些知識簡化成為規則、法規、公式……這樣一來，所有在老系統中由工人們所進行的規劃，現在在新系統中，就必須得由管理階層根據科學的方式來安排。」[11]根據泰勒的說法：「唯有透過**強制**執行標準化方式、**強制**接受最好辦法的施行與最好的工作環境，以及**強制**性的合作，才可以確保工作能更快速地完成。而唯有管理階層才能夠強制員工接受標準並強制其與之合作。」（泰勒的原文中本就特別強調「強制」二字）。[12]

科學管理主義這種需要透過標準化與監控來提升效率的主軸概念，很大程度地反映在《公立學校的管理方式》這本一九一六年由史丹福大學教育學院院長柯貝利（Ellwood P. Cubberley）出版、造成廣泛影響的教科書之中。[13]其中提到要依據學生的考試成績來評量教師，這個見解也在之後持續流傳了數十年的時間。威廉．蘭斯洛特（William Lancelot）這位教育研究人員，嘗試比較學生在一學年開始與結束時的兩次算術考試成績，看看學生的成績是否有「進步」，藉此來判定教師的貢獻程度。他發現，有些老師的績效比其他老師好，但是跟著這些績效最好的老師學習的學生，在智識學習的表現上卻是最普通的。[14]二十一世紀初期，同樣的概念在「加值計分」（value-added scoring）的名號之下再次重整，接著則是出現在歐巴馬任內的「學生成長」政策。[15]

在兩次世界大戰之間，科學管理主義下的工廠生產工作模式，受到製造業領域愈來愈廣泛的採納。到了一九五〇年代，科學管理已經成為通用汽車這類大公司的標準做法，如同社會學家丹尼爾．貝爾（Daniel Bell）曾提到，在這家公司裡，「由管理高層來組織並指揮產品的製造……將所有需要動用到腦力的工作全部從門市撤除；一切都以規劃、排程及設計部門為主。」結果就是讓公司的基層工作人員每天都有處理不完的數字工作要做。[16]到了二十世紀末，指標將這種組織工作的模式從製造業中帶入了服務業。

管理主義與衡量制度

科學管理是由工程師所開發，但另一個造就了將公信力做為標準化衡量方式的則是會計這個行業。羅勃特．麥納馬拉（Robert McNamara）這位會計師，年僅二十四歲就成為哈佛商學院有史以來最年輕的教授，也就是他，將指標帶入了全美國最大的組織：美國陸軍體系。

麥納馬拉從商學院教授一路扶搖直上成為福特汽車執行長、國防部長，到最後晉升為世界銀行的總裁，這數十年間，同時也能看見美國商學院的轉型變化。早期，商學院主要的任務目標都放在讓學生準備好進入某個特定的產業或企業中工作。自一九五〇年代起，商學院的理念變成了要讓學生成為經理人才，擁有完整的技能，而這份技能也會根據特定產業而各自不同。

走到這一步，現在管理專業的核心就是要定義出一套技能與技術，特別是要懂得如何善用量化方法論。[17]根據數據而做出的決策被認為是相當科學的決策，因為大家都認為這些被拿來套用的數據既客觀又精確。[18]那些將這份智慧傳佈到辦公室中的管理學理論家與大師，還曾一度被英國知名詩人雪萊（Shelley）喻為是詩人，因為他們「為人類制定了規則，卻沒有獲得應有的禮敬」。[19]

在那之前，「專業」的意思是在某個特定領域中，以完整的職業生涯所累積起來的知識，隨著一個人在同一個單位或行業中一次又一次的歷練而不斷進步——也就是累積經濟學家所謂的「有關特定工作內容的知識（know-how）」。那些汽車公司的行政長官是「懂車的人」——這些人有相當長的專業職涯都投注在汽車產業中。然而有愈來愈多這樣的人，被像是麥納馬拉這類的「統計專家」所取代，他們最拿手的就是計算成本和毛利率。[20]

隨著時間過去，這種試圖將管理轉換為科學，好讓那些充滿熱情的學子能成為美國企業行政高層的做法，逐漸轉變成管理學的福音詩。能以經驗為基礎做出判斷，同時擁有清楚來龍去脈的知識背景，這類型角色的重要性逐漸被低估。管理主義的前提就是，各種機構之間的差異性——包括私人公司、政府機構與大學院校——並不重要，重要的是它們的相似性。因此，所有機構的績效都能夠以相同的管理方式和技術做為工具手段，使之達到最優化的結果。[21]我們可能都以為根據經驗而得到的判斷與專業是種潤滑劑，能夠使企業機構發展得更順暢，因為它們提供了特定工作內容的相關知識。但在指標魔咒之下的管理主義即便沒有全然地蔑視它們，卻明顯地忽略它們的存在。

就在由國防部長主導對越戰的究責告訴時，麥納馬拉成功地將「死亡人數」這個指標變成一個據稱值得信賴的指數，能據此判斷美國需要多久的時間才能在這場戰爭中獲勝。還真的有幾位身處戰事前線的將軍認為，死亡人數能夠有效衡量出能否打贏這場仗，但絕大多數的人都知道這個數字過於誇大，甚至是公開造假。[22]結果就是，經過肯尼斯·庫基爾（Kenneth Cukier）與維克多·麥爾—荀伯格（Viktor Mayer-Schönberger）以精確的公式來計算之後，發現這根本就是個「量化的無底深淵」。[23]

麥納馬拉領導之下的五角大廈，被政治學者魯特維克（Edward Luttwak）稱為是「以大批發的方式將軍事專業替換成民間人士使用的數學分析。這種新型的『系統化分析』導入了新的智能訓練標準，並大大地改善了會計記帳的方式，但同時也訓練出了一批資格不足的人，無法了解軍隊武力最重要的是什麼，而這些最重要的東西剛好是無法被衡量的」。[24]

各個不同軍種的軍事單位都努力想要極大化他們可衡量的「產量」：空軍聯隊用的是其所出動的轟炸機架次，砲兵團是發射的彈殼數量，步兵團則是死亡人數，這些全部都能對照成麥納馬拉與他在五角大廈的同事所設計出來的統計指數。但是，魯特維克寫道：「在一場無法正面對決的戰爭中，地圖上並沒有一條能清楚界定勝利或失敗的線，要能真正對目前進展做出衡量，只能靠政治性和非量化的資訊：重重打擊敵軍繼續對戰的意願。」[25]

魯特維克對美國軍隊創建方式的評論在一九八四年被刊登出來，文章特別聚焦在一個事實上，那就是，美國無論軍隊或是民間單位的領導階層，全都受到管理精神深刻的影響，不斷地追求著可以被衡量的「效率」，而這與軍隊需要的那種策略性思考正好背道而馳。「在民間高層人士的領導之下——這其中有許多人完全不在乎他們對策略、營運手法及技巧的忽視，表現得一副自己是經理人，所以有能力來管理所有事情，無論這些事情的實質內容是什麼——軍隊的創建方式本身，在很久以前就接受了將追求商業效率視為其最優先目標。」

軍隊的長官自己也愈來愈接受管理的觀點，於是紛紛取得企業管理、管理學或經濟學的學位。這也造成了魯特維克所稱的「唯物論偏見」，只關注於可以衡量的過程與實質的結果（像是火力），而非那些看不見的人為因素，像是策略、領導力、團體和諧，以及軍人的士氣。[26]能夠被精確衡量的東西大大掩蓋了真正重要的東西。「有形的過程全部都是無可否認的事實，成本也都能夠以幾塊幾分錢精確地陳述出來，而無形的東西連要定義都很困難了，而且絕大多數都是完全無法衡量的。」魯特維克如此說道。[27]

無論魯特維克的評論是否全然公平，但他從美國軍隊創建方式所看到的問題和缺陷，有一大部分已經準備轉移到美國以及其他地方更大範圍的機構組織當中了。

指標固著的一個面向就是管理顧問的崛起，他們配備有量化分析的技巧，而他們的第一句座右銘就是：「如果無法衡量，你就無法管理。」[28]仰賴數字以及量化資料的運用，不只能夠給予他人一種凡事根據實體證據的科學專業印象，也能夠讓他們提出建議的對象機構，把對特定內行知識的需求降到最低。[29]管理文化要求更多的資料——標準化的數據資料。

4 為何指標如此受歡迎？

在本書的最終章我們將會更深入探索其中細節，但從我們所列舉的案例研究中就可以發現，在某些情況下，不同形式的指標確實有很好的效果。但是，在更多情況中，指標的可信度其實並不值得信賴，又或者與其所需付出的代價相比，指標所帶來的好處其實並沒有太大的意義。我們該如何解釋在評量、可信度以及透明度的有效性，與其大行其道的落差？它的缺點這麼多，為什麼還是這麼受歡迎？

既然這個問題的答案不只一個，再加上也沒有確鑿的證據可以證明確實如此，那就讓我們來看看一些有根據的猜測吧。

對判斷力的不信任

隨著信任的消退，可信度與透明度轉而開始嶄露頭角。一個具有高度社會流動性與種族多元性的民主社會，其與可信度評量文化之間往往有著密不可分的關係。

在一個有著系統完善、代代承襲的上流階級的社會中，上流階級的成員往往對自身的地位有較高的安全感，不但能夠彼此信任，同時也可以從家族中學習到一定程度的統御手法及知識，這些都讓他們對自己的判斷力有較高的信心（無論這樣的自信心是否有道理）。[1]相反地，在一個由菁英管理、不斷變化的開放社會中，那些好不容易爬到掌權地位的菁英，對自己的判斷能力就比較不那麼肯定，也更傾向於尋求客觀的標準來做為決策的依據。而數字就能夠傳達一種貌似客觀的感覺，暗示其中並不帶有主觀的判斷。[2]數字被認為是「確實」的，也因此對那些懷疑自己判斷的人來說，是個比較安全的賭注。

數字標準看起來也貌似具備透明度及客觀性（如果我們不要太仔細地去分析它們的來源與關聯性的話）。它們之所以吸引人，很大一部分是因為看起來可以讓所有人立刻就能理解。如同劍橋大學文藝學家史蒂芬．柯里尼（Stefan Collini）的觀察所見：「現代自由民主的公開辯論，已經結合了帶有功利主義的評估，以及對那些不若機械般一致的程序的不信任。」[3]

在社會信任感低的社會中，數字的公信力標準就會顯得愈發吸引人。而自從一九六〇年代起，對掌權者的不信任，就一直是美國文化中不變的主調。因此，在政治、行政，以及其他許多領域中之所以要有經過精確評量的數字，正是因為這些數字能夠取代掌權者依據個人主觀想法及經驗所做出的判斷。要求公信力標準的做法，在政治左派與右派兩邊都大大施展了其魔力。而這也與民粹主義者及公平主義者對掌權者的階級、專業與背景所發出的質疑，有著密切的關聯性。

要求必須要有更大的「公信力」，如同我們在 Google Ngram 所反映出的結果中所看到的，這一切都是靠著對組織愈來愈強的不信任感，以及對以經驗治國的掌權者的怨恨而日益茁壯，而這也突顯了美國（以及某種程度上其他西方社會）自一九六〇年代以來直至今日的狀況。「所有專業都是用來對付一般平民的陰謀」蕭伯納在他的戲劇作品《醫生的兩難》（*The Doctor's Dilemma*）中如此寫道。自一九七〇年代開始，蕭伯納的這一席妙語，卻愈來愈變成是眾人對公共政策在執行時的假設了。左右兩派都向標準看齊，儘管有時候兩邊的理由不盡相同。

對權威的質疑是一九六〇年代中期左派的中心思想：依賴專家的判斷就等於是向那些聲名卓著菁英分子的歧視投降。因此，左派自有理由丟出這個議題，公開宣稱要讓機關組織具有公信力並透明化，用據稱客觀並科學的標準來評量績效。

至於右派則是對此抱持著懷疑的態度，有時這樣的懷疑也並非全然沒有道理，公家機關營運時所採取的角度往往是為自家員工謀福利，遠超過他們所服務的客戶和全國選民。在某些學校、警察局，以及其他政府機關，「坐領乾薪等退休」的確是實際存在的情況，雖然這個情況並沒有評批人士所說的那麼普遍。我們可以理解公信力標準之所以出現，是為了要打破老人政治根深蒂固的束縛。當機構組織遭到民粹主義人士猛烈抨擊時，他們同樣也找上「標準」，將之視為一種防禦手段，希望藉此顯示出他們在工作上的成效。

在這樣的惡性循環中，缺少社會信任感導致了大家對標準的美化與崇拜，而眾人對標準的信仰，又更加深了對個人判斷能力的不信賴。知名律師菲利浦．霍華德（Philip K. Howard）曾提出，信任感降低會造成一種心態，「大家在制定公共決策時極力避免出現人為的決策，這已經不是個理論……可以說是種宗教信仰了……人為的決策太危險」。[4]這種心態所造成的後果就是「官員們不被允許依照自己最好的判斷來行動」，沒辦法發揮他們的處理能力，也就是判斷在特定情況下需要做出何等的處置。[5]最終的結果就是過度規範，形成一張規則愈加嚴格的網，還包含在組織內部密佈增長的各種規則。[6]很常見的就是，數據甚至提供了讓這張網更加嚴密的工具。過度評量就是過度規範的一種形式，就如同錯誤評量也是錯誤規範的一種形式。

另外一個評量績效的動機就是害怕發生訴訟，這也是隨著美國侵權法將責任範圍擴大所致。隨著二十世紀的開展，早期保障不對醫生、醫院、製造業者與市政當局提起訴訟的條文逐漸崩潰。而公民權利及環境保護法的擴張，更進一步地鼓勵了興訟一事。[7]在就業這方面，民權法案則是加重了凡事皆須留下紀錄的負擔，使私人公司不得不跟政府機關一樣有著繁瑣的官僚作風。[8]造成的結果是：愈來愈多的錢花在聘請律師上。而大家都認定美國是個愛打官司的國家[9]這種想法，也使得眾人對於自己隨時可能被告而焦慮不已，導致了處處攻防以及風險規避等狀況。盡可能用最客觀的方式將每一個決策過程鉅細靡遺記錄下來，好讓上級規範單位可以透明地看見有關聘雇及升遷這類的決策是如何做成，又或者是可以在訴訟過程中使用這些紀錄，這些推力為使用績效評量提供了另一個動機。

對專業的批評以及對決策的美化

就政治右派的角度來看，對公家單位機構的不信任導致了他們對非營利組織（政府、學校、大學）的再三指控更為證據確鑿，認為這些單位的問題就在於「沒有底線」，也因此沒有辦法計算出它們究竟是成功還是失敗。對這樣的想法來說，唯一的解決辦法就是以一種「客觀」——而且最好是能以數字呈現——的方式，制定出一條替代用的底線，做為對其標準程序的評量。

同時也有另外一股趨勢，由婦女健康議題的擁護者及其後的相關運動推波助瀾，挑戰建立已久的制度（比方像是醫師制度），希望能讓這些制度擔負起更多的責任。他們希望能讓病人對自己的醫療照護有更大的掌控權，其中包括了讓他們在挑選醫療照護單位時有更多的選擇，並且能有更多的資訊——包括績效指標——來確保他們的選擇。

一個領域接著一個領域，在以公信力為名之下所推動的大範圍評量，確實也找出了許多真實的問題，包括了本應奠基於「科學」的各種專業，在執業程序上的差異，以及一些過去沒有注意到，或是沒有被記錄下來的績效落差。這些發現所造成的衝擊不但讓眾人對專業判斷的信賴瞬間下降，也造成了尋求解決方法的壓力，而這個解決方案不得不進行更廣泛的評量，好讓已經備受質疑的專業操守能夠受到妥善的監督。

而與這些發展趨勢緊密相關的是，「消費者選擇」這個意識型態日漸升高的影響力，人們相信，只要有足夠資訊，大家就可以在醫療、教育、退休規劃等事項上做出正確的決定。確實，通常人們都能夠從所有提供服務的對象中挑選出最好的一個。但不一定每次都是如此，尤其是在某些領域中，選擇很容易遭到誤導。比方說，醫療照護領域，在做出挑選哪位醫師或哪家醫院的選擇時，通常病人本身若不是身體健康，根本不想花腦筋在醫療問題上，就是他們已經生病，對自己的選擇非常焦慮，而在這種狀況下，病人就算想要釐清複雜且通常相互矛盾的指標，也早已失去了這樣的能力。

然而，到了一九九〇年代，儘管有好幾篇研究指出，給予病人更多資訊對於控制成本，或是改善醫療品質並沒有任何幫助，這個將病人視為醫療服務市場中顧客的模式，卻在政治人物和政策制定者之間變得愈來愈受歡迎，無論左派或右派皆然。[10]

「成本」這種病

另外一個在醫療與教育界推動公信力指標的力量，則來自於相較其他消費商品，醫療與教育的相關成本不斷地在提高。有一部分原因是「成本病」，這個現象最早是由鮑莫爾（William Baumol）與波溫（William Bowen）這兩位經濟學家在一九六六年所發現。就他們的觀察，過去一百年間製造業的生產力都持續穩定成長，而且絕大多數都是那些在製造技術上有所改善的商品。[11] 隨著科技發展以及全球化貿易愈趨頻繁，大多數消費商品的成本也不斷地下降，這麼一來，醫療、教育和類似的人力服務，成本更顯得比過去提高了不少，這也成為大眾愈來愈不滿的焦點所在。這些年來，這股趨勢形成了公眾壓力，大家都希望這些機構有更高的效率及公信力（雖然這些領域的資源投入及產量皆相當難以計算）。[12]

除此之外，醫療技術的改善，及更有效用的藥物都會合理地導致成本增加。如果大家能夠因此活得更久，或是更加舒適，而且可以減少花在醫院的時間，那麼這些增加的成本就很值得。

錯綜複雜組織中的領導力

推動量化評量的還有另外一股經濟力量。隨著組織（公司、大學、政府機關）愈來愈大，目標也愈來愈多元，管理高層與組織鍊底層那些實際從事操作的人之間的距離，也比過去拉得更大。當組織龐大、複雜，並由各個型態完全不同的部門所組成，那麼彼此之間基本上就不可能有共識存在。那些位於高層的人所要面對的認知限制，在程度上比我們所有人會遭遇到的都要大上許多。儘管在時間與能力都有限的情況下必須處理過量的資訊，他們還是得做出決策。想處理這些「有限理性」的問題，並在超越個人理解範圍的狀況之下做出決策，指標看起來是個很誘人的方式。

舉例來說，想像你是大學校長、企業總裁，或是內閣總理。你會仰賴經驗豐富的下屬提供你充分了解情況的意見，不過他們很可能對現況各有自身的興趣焦點所在，套句已故詩人與歷史學家康奎斯特（Robert Conquest）的話——「每個人都低估自己最了解的事情」。但如果你想要為你所領導的這個組織注入活力或帶來改變呢（這是想要在青史留名的新任內閣大臣、大學校長和執行長最典型的渴望）？從這個角度來看，「數據」似乎是了解你的組織最直接的捷徑。

問題是，管理階層想要掌握一個複雜的組職時，經常會出現知名管理顧問莫里那（Yves Morieux）與托曼（Peter Tollman）所描述的「麻煩」：報告和決策時的程序愈多，就得有更多的單位進行協調、開會，並撰寫報告。這些花在報告、開會和協調上的時間已經太多了，根本沒剩多少時間可以真的去做事。[13]

這種耗費時間與精神的狀況，也因為執行長官對指標著了迷，不願意相信有經驗的下屬所做出的判斷，而更形嚴重。這些長官比較想要透過各種策略來控制他們的下屬，而指標就是這些策略的主要成分。他們要求持續不斷上呈的報告和標準化的數據資料，而這麼做無論是有心還是無意，都已經造成了影響，那就是，削弱了那些在組織架構較低層的人的自主權——而他們對這種以指標為基礎的嶄新做法的質疑，全都被駁斥為是不理性，或是個人的「拒絕改變」。

再來看看某些美國官僚系統（公司企業、政府、非營利組織）的獨特文化，這種文化認為，每個人都可以，而且也應該在機構的職位上輪調高升，無論是在同一個機構之內，或是跨機構之間都是如此。但這種做法有礙於個人發展專業上的深度，唯有具備這樣的深度，管理者才有能力針對下屬在工作中的重要性及表現品質，做出有意義的績效評量。因此，仰賴可以計算的量化標準對他們來說，也就更加有吸引力了。

比起過去，現在有更多的執行長、大學校長以及政府機關長官在不同的機構之間輪調高升。常有人懷抱著一種帶有平等色彩的奇特假設，認為在機構之外的地方會找到更適合的人，彷彿機構之內的人都不夠好到可以升職，但機構之外的其他地方卻可能有能夠勝任高位的人。[14]這種假設導致了高層領導人、執行長官與經理人的高流動率，他們在接任新職位時，往往對自己即將要掌管的組織狀況了解十分有限。因此，他們對指標的依賴只會更重，也更喜歡在每一個機構中都採用標準化的指標（亦稱為「最佳方案」）。於是，這些外來的人反過來變成了內部人，由於缺少了從經驗累積而來的相關深入知識，因此也更依賴標準化的評量數據。不僅如此，這些經理人經常吃著碗裡看碗外，一隻眼睛盯著其他機構更好的職位，一隻眼睛緊緊看著績效指標，一等到獵人頭公司來找他們的時候，這些績效指標就能在跳槽中派上用場了。

量化指標的誘惑

還有另外一個因素，那就是資訊科技的普及。在一九八〇年代初期，電子試算表的發明與大眾的快速接納，使得製作表格與操作數據更為簡便容易，造成了廣泛的影響。預知此現象的分析家史蒂文．利維（Steven Levy），在一九八四年如此寫到：

> 電子試算表是種工具，但同時也是種世界觀——由數字所組成的現實……也因為電子試算表可以處理這麼多重要的事情，使用者很可能會看不到一個關鍵的事實，那就是，他們在電腦上所創造出來的想像事業，終歸也只能是個想像罷了。你沒有辦法在電腦中複製完整的商業模式，只能重建其中的幾個面向。而既然數字是

電子試算表最重要的力量，那麼其所著重的面向，就是那些最容易用數字表達的面向。無形的因素沒有那麼容易被量化。[15]

當代最成功的價值投資家之一，賽斯．克拉曼（Seth Klarman）在一九九一年時也對此表示同意，同時也警告眾人，電子試算表創造出了深度分析的假象。[16]

從那時起，能夠進行資料收集的機會愈來愈多，而且成本也愈來愈低，這也更加促進了「數據資料就是答案」這個文化基因的生成，而機構組織得為這些答案想出問題。我們經常可以看到一種完全沒有經過檢驗的信念，認為累積資料並在組織內部廣為分享，如此就能夠帶來某種進步與改善——即便大部分資訊為了能夠轉換成為更容易傳輸的「資料」，其本質及前因後果都受到剝除。

5 委託人、代理人與誘因

就在專業領域的專家遭受到嚴格檢視的同一段時期，公司企業也同樣對其經理人所獲取的利益，是否超越了股東利益而展開嚴厲的審視。

這個看法在一九七〇年代受到熱烈的討論，甚至成為學術上的經典理論：「委託人—代理人理論」（principal-agent theory）。[1]這個在商業語彙中大大流行的理論讓大家注意到，在公司欲達成的目標與公司營運者及雇員之間，存在著落差。這個理論將問題聚焦在，如何使股東所能獲得的最大利益和公司股價，能夠跟企業高階執行長官的利益達成對等的關係，因為這些執行長官本身的利益很可能會與公司的目標相左。

委託人—代理人理論的基本概念就是，不能信任這些受雇於企業的人，所以他們的行為必須受到監督和評量，這些評量方式必須開放給那些無法獲得該公司第一手資料的人。而最能夠「激勵」這些「代理人」的方式，就是給予金錢上的獎懲。[2]

數字又再次被視為達成目標的保證，同時也被認為能夠取代深入精通的領域知識，以及人與人之間的相互信賴。[3]

委託人—代理人理論最初的運作方式是根據公司的營收與股價高低，提供紅利獎金給負責營運與管理該公司的執行長官。之後，則是轉變成為各種方案，提供績效最頂尖的經理人其公司的股票認購權。這兩種情況的出發點都是為了要使經理人與公司老闆兩方能夠達成一致的目標共識，而這個表面看來堂而皇之的目標，其實就是公司的獲利。

委託人—代理人理論將公司企業視為一個關係網絡，由那些以獲取利益為目標的人（委託人），以及被聘雇來想辦法達成這個目標的人（代理人）所組成。這個理論的出發點完全是以委託人為主，前提是代理人本身的利益很有可能與委託人相違背。舉例來說，公司股東想要的是將公司的獲利最大化，並且讓這些收入反應在公司的資本上。但是經理人想要的也許是能夠提升個人社會地位的豪華辦公室，以及得以四處炫耀的私人飛機，而較低階的雇員則只想要賺一份薪水，工作量愈少愈好。

對委託人來說，最大的困難就在於如何激勵代理人以委託人的利益為最優先，而非他們自身的想望。對委託人來說，問題自然就在於該如何監督：要怎麼做才能知道代理人究竟在做些什麼，以及他們在達成目標上的表現如何？這兩項任務因而變成該如何提供資訊給公司的高層，讓他們知道底下的雇員在做些什麼，以及如何開發出一個獎勵系統，讓代理人與委託人的利益能夠達成對等。而這種對於資訊蒐集的需求，便造就出評量表現的機制。因為標準化的數字能夠讓委託人清楚看見代理人在達到委託人目標的過程中表現如何。要讓雙方的動機達成一致，方法就是提供雇員金錢上的獎勵，而這份獎勵的高低則要視公司的獲利程度而定——也就是說，只要公司賺的錢多，雇員拿到的獎金也會跟著增加。

專業管理學領域也對委託人—代理人理論下了結論：管理最重要的就是設定清楚的目標，接著就是要有監督與獎勵機制。這一方面得仰賴完整的資訊與通報系統，另一方面則是建構起絕妙的獎勵制度。

新公共管理

自一九八〇年代起，這種想法從賺取營收的公司更進一步擴展進入了政府單位，以及像是大學和醫院這些非營利機構之中。基於不滿這類組織的成本太高、成效不夠好，或單純只是要想要多省點錢，各方批評爭論不斷，認為這些機構單位的問題就在於它們應該要以「更接近經營公司」的方式來運作才對。而這些理論擁護者大聲疾呼的口號，就成了大家所知的「新公共管理」（new public management）。在這種情況下，那些支付酬勞給聘雇人員並為非營利組織出錢的人立刻搖身一變成了委託人；以政府單位來說，委託人就是納稅人，而各機構的學生、病患或客戶，現在都被視為它們的顧客了。

對那些想方設法要以更接近經營公司的方式來經營的人來說，其中一個困難在於，這些機構沒有「價格機制」可以判定投入經費的人得到的是等值的結果。在競爭市場中，消費者可以比較市面上各種商品與服務的價格和品質，也可以在擁有充分資訊的情況下，做出要購買何者的選擇。價格以一種明確、透明的方式，傳達了許多資訊。但是納稅人要如何評估學校、大學、醫院、政府單位，或是慈善機構呢？

為了解決這些難題，那些努力想要讓非營利機構變得更像公司的人，提議了三個策略。第一是訂出可以評量表現的指標，並以此來替代價格的功用。[4]第二是根據表現的評量結果，提供金錢上的獎懲給那些在機構中工作的人。第三則是在提供服務的人之間製造競爭，讓大家的評量指標結果都能「透明化」，也就是公開讓所有人都知道。簡而言之，就是在政府單位及非營利機構中創造出一個與市場情況十分接近的環境，這麼一來，就能夠以接近公司的方式來經營它們了。這就是所謂「新公共管理」的概念，也反映出一個更廣泛的趨勢，要將微型經濟裡的規則納入公共行政與公共策略的範疇之中。[5]

打從一開始，就有人批評此種做法，他們希望能讓大家注意到這個方法中那並不完備的前提，像是經濟學家霍姆斯壯（Bengt Holmström）與米爾格姆（Paul Milgrom），還有明茲伯格（Henry Mintzberg）這位蒙特婁麥基爾大學（McGill University）的教授。[6]

明茲伯格在一九九〇年代中期指出，那些擁護新公共管理的人，所採用的管理學概念只是種簡化的模仿，模仿那些在私人公司中績效極佳的管理人所採用的經營手法。不過，它的確與商學院學生在學校和各種流行商業書籍中所學一致。儘管如此，明茲伯格依然認為這種做法並不恰當。公司企業中有許多不同的部門，而每一個部門各有其明確的任務目標來產出公司的商品或服務；但是政府單位和非營利機構的特性則是具有多重目標，要將這些目標分別獨立出來已經很困難，更遑論對其進行評量。

以新公共管理的架構來處理那些生產單一產品或服務的政府單位，比方像是專門發放護照的單位，的確是個辦法，但這是特例而非慣例。此外，在商業世界中，對成功與失敗有清楚明白的財務條件：只要比較支出與收入就能夠判定利潤多少，管理人也很容易以此做出獎懲。但在政府單位和非營利機構中，往往極少有如此單一的目標，而且這些目標也很難在短時間內進行評量。以美國的小學為例，學校的工作是教導學生閱讀、寫作和算數，這些任務或許可以透過標準化的考試來進行評量，但其他那些相較之下難以進行評量的項目呢？像是對學生行為的循循善誘、啟發學生對這個世界的好奇心，以及培養他們的創造力？

此外還有更大的問題存在。公司企業的主要目的就是賺取收益，而公司的雇員主要也是為了擁有金錢收入才來工作。（當然並不代表員工完全只是為了錢才來工作，只是員工有很大一部分是為了賺取金錢，來完成他們想做的、與賺錢無關的其他事情。）選擇在政府單位工作的人，雖然同樣也想要擁有足以生活的收入，但是他們會對該機構所肩負的任務懷抱著較大的使命感：像是教學、研究、治療、救援等等。他們對金錢獎勵這個誘因會出現與一般人不同的反應，因為他們工作的動機不同（至少在程度上有所差別）。[7]

外在獎賞與內在獎賞

「論質計酬」（pay-for-performance）之所以造成各種問題，基本上全都可以回歸到一個對人類動機過度簡化，而且受到嚴重扭曲的概念，這個概念假設：人們工作只是為了要獲得物質上的獎賞。有些人比較不會受到外部獎賞的激勵，反而是各種內部心理上的獎賞會促動他們，包括了他們對隸屬機構的終極目標所懷抱的使命感，或是對自己工作的高度複雜性感到深深著迷，這種種都讓工作變得十分有挑戰性，不但充滿樂趣，做起來也很愉快。

對所有需要在複雜工項中管理不同員工的人來說，內部動機跟外部動機一樣明顯可見。心理學家在一九七〇年代中期提出這樣的看法後，陸續受到經濟學家重新探討並正式建立起理論，其中也包括了二〇一四年獲得諾貝爾經濟學獎的尚・提霍勒（Jean Tirole）。[8]

假設人們單純只受到想要賺更多錢的動機所驅使，這是一個太過於簡化的想法，但假設他們純粹只受到內部獎賞所驅使，也太過於天真。困難之處就在於如何找出在什麼時候用哪一種動機最有效，而近年來社會學家也將焦點放在這個議題上。

一般來說，外部獎賞（論質計酬、獎金、紅利）在商業機構中是最有效的，因為在這裡最主要的目標就是賺錢。如果任務的完成期限明確、工作內容很容易評量，而且不具備太多個人內部興趣時，比方像是一些標準化產品的裝配線工作，這時外部獎賞的效果會很不錯。

也有些獎賞能夠強化內部動機。舉例來說，口頭上的稱讚就是一種，因為在表達時主要是針對事情本身（「這件事你做得很好！」）而非下達指令。[9]又或者是，比起在工作尚未開始前就先提出獎勵來做為誘因，不如在事情完成之後再給予獎勵，表揚雇員。[10]至於在科學或學術領域上，則可以用獎項或榮譽頭銜來表彰個人的長期貢獻。[11]更廣泛一點來說，如果薪酬被認為是機構對員工表現優異所唯一能提供的感謝方式，那麼給予薪資以外的獎金的確可以強化雇員的內部動機。[12]只要受到獎勵的該項行為與代理人自身的理念相符合，那麼內部與外部動機也可以同時並行，以醫院來說，醫生因為安全紀錄良好而獲得獎勵就是一個例子。

但是，當以任務為導向的機構想要使用外部獎勵的策略，比方說承諾將論質計酬，結果很可能會事與願違。在具有高度內部興趣的工作上使用外部獎勵策略，會導致人們只專注在工作的獎勵上，而非自身的內部興趣或是更遠大的目標。而結果就是對內部動機產生「排擠」：若大家一直持續被引導，認為工作主要就是一種達成金錢目標的方法，那麼他們就會對努力達成組織機構更宏大的使命這件事失去興趣。[13]相反地，他們也可能會將論質計酬這種做法，視為對自身專業道德和自尊的侮辱，因為感覺在暗示他們做這份工作只是為了錢。因此，對於一個在投資銀行工作的人來說，外部獎賞能夠激勵工作表現就是個很合理的假設，但如果這個人是位老師或護士，那就完全不是這麼一回事了。想要把所有機構單位都變成公司來經營，反而會對實際的運作狀況造成很大的阻礙。

你沒看錯，確實是會對實際的營運造成妨礙。諷刺的是，儘管公司企業競相以按表現計酬的方式，來為高層執行長官和員工設計各種激勵工作動機的方案，而這些方案也被認為適用於政府單位及非營利機構，但頂尖的委託人—代理人理論學家卻在二十世紀末發現了這個理論體系的弱點。

一九九八年，吉本斯（Robert Gibbons）這位任教於麻省理工學院的組織經濟學教授指出，事實上，委託人（舉例來說，公司的老闆）能從代理人（員工）各種不同的工作成果中獲得好處，但這些成果並非全都顯而易見，又或是很難以數字來衡量。例如，組織必須仰賴員工之間彼此監督並進行團隊合作，如果員工唯一的興趣就是最大化他們的表現評量數據，以達到組織所訂下的目標，那麼通常他們就不會彼此監督也不想團隊合作了。因此，在代理人「可評量的貢獻」與「實際的貢獻」（也就是整體貢獻）之間，存在著落差。

結果就是，可評量的表現（像是增加部門的收益或是使公司的股價上揚）實際上可能反而會讓組織真正需要從員工身上獲取的成效變低。此外，一味追求以簡單、量化的標準來打造工作動機，並以此進行評量與獎賞，這樣的動機很難不扭曲。吉本斯的結論是，這種經濟模式忽視了驅使代理人工作的各種心理動機，就算是在最好的情況下，也只會帶給人一種不完整的動機概念。而最糟的情況則是，「根據經濟模式所訂定的管理策略，可能會抑制（甚至摧毀）各種非經濟面的現實，比方像是內部動機和社會關係」。[14]

到了二十世紀末，像吉本斯這樣的組織行為學學者，已經開始大聲疾呼要大家關注操作外部動機所潛藏的危機。但在當時，根據簡化後的動機概念、外部獎賞，以及新公共管理所形成的策略方法，早已經根深蒂固。

這股管理風潮始於公司企業，很快就蔓延到其他領域，最後席捲了整個英語世界（英國、美國、澳洲與紐西蘭）。因為想要改善公家單位的管理與效率，柴契爾夫人（Margaret Thatcher）所領軍的保守派政府建立了一些官方組織，其中部分成員就是商界人士和管理顧問，而這些組織的名稱是效率小組、財政管理小組、國家審計署，以及審計委員會。這股風潮從英國吹向了澳洲和紐西蘭，還有其他經濟合作暨發展組織（ＯＥＣＤ）的成員國，超越了國家的界線，由管理大師、顧問和學術界聯手，合力兜售這個「最佳方法」的各種工具和模式。[15]

6 哲學性批判

量化文化開始在政治上的右翼與左翼同時蓬勃發展之際，批評聲浪也分別從這個思想體系的光譜兩端傳來。從馬克思主義者的角度來看，經過些許調整之後，量化思想可以說是降低大家對技能的重視，這改變了生產機構中位於頂端高位的人，現在他們有理由忽視位於體系基層的人所具備的技能和經驗。[1]在一些限制更為明確的工作中，基層人員為了達成上級所施加的狹隘目標，連自行做判斷的可能性都被剝奪，這更是與現實脫節。

理性主義者的假象

保守的古典派自由思想家也對論質計酬做出了有力且精闢的剖析，像是奧克索特、波拉尼以及海耶克，而這些分析則是由耶魯大學的人類學家詹姆斯．史考特（James C. Scott）重新發掘了出來（他形容自己是個偏好無政府主義的人）。

這些分析全都將知識區分成為兩個種類，一類是較為概念性且可以公式化的知識，另一類則是更為實用與策略性的知識。實用或策略性的知識是經驗的產物：你可以藉由學習而取得，但無法以一般性的公式化方法來表達。概念性知識則正好相反，它是種技術，因此我們假設它可以很容易被系統化、很容易便可以傳達給他人了解，也很容易能夠應用在他處。奧克索特舉了一個知名的例子，食譜可以呈現一種具有概念性、處方般的知識，但要真的知道如何運用這些知識（「打蛋」、「快速將料攪拌均勻」），則需要由經驗累積出來的實用性知識，而這些是從書中無法學習到的。奧克索特批評，「理性主義者」假設，在進行各種人類的事務性活動時，只要應用正確的公式或處方就可以辦到。技術性知識很容易就能夠被歸納成精確的公式，也因此看起來是確定不會改變的東西。但相反的，奧克索特如此寫到：

實用性知識的特性是，無法輕易變成這類的公式。一般實用性知識的呈現都是使用某種約定俗成或傳統的做事方法，又或者更簡單的，直接做給你看。而這也表示實用性知識不甚精確且充滿不確定性，它是種見解或可能性，而非真理。

理性主義者相信，在技術的統御之下，唯一真正稱得上知識的，就是「技術知識」，因為它能夠滿足「確定性」的標準，而能夠被證明是確定不變的，才是真正的知識。奧克索提出理性主義的問題在於，無法接受實用性知識和特定情況生成知識的必要性。[2]

科學主義

海耶克發展出了相關的批判思辨，他稱之為「知識的偽裝」。這是他在二十世紀中期所寫，他斥責社會學家試圖在大規模經濟體中規劃他們的「科學主義」。他的意思是，他們試著想要著手規劃經濟生命，彷彿規劃者這個角色完全知道，構成一個複雜多元社會生命的所有相關投入與產出是什麼。他認為，競爭市場的優勢就是，允許個人運用他們對地方情況的了解，同時也能夠在現有的資源中發現其他的用處，或是想像到目前為止尚無人知，也沒有人曾想過的新產品與服務。簡而言之，規劃經濟生命不但沒有考慮到相關資訊，也沒有將分散性資訊納入考量，同時也使得企業無法找出達成特定需求的方法，以及該如何訂立新的目標。[3]

諷刺的是，隨著當代評論家的觀察紛至沓來，固著於數字的量化指標卻已然生根。儘管這量化指標是由那些宣稱全力支持資本主義的政治人物和決策者所導入，實際上卻複製了許多蘇維埃共產主義系統本質上的錯誤。就如同蘇維埃陣營的經理人為了要達成最高領導所要求的數字目標，只好生產劣質品來濫竽充數，學校、警察局和公司也都一樣，想方設法用自己粗製濫造的產品來達到額度的要求：學校教出來的是只擁有最低限度技能的畢業生，警察局放棄追捕大盜賊，只抓順手牽羊的小竊盜犯，而銀行則是開設虛擬的假帳戶。[4]

海耶克對科學主義有非常多的批評（他也把這些批評套用在許多現代經濟體上），他認為科學主義同樣也在配合量化指標的概念。在事前先設定好一系列有限的、據說經過評量的目標，指標固著將公司或機構真正想要達成的目標截頭去尾，變成了四不像。同時它也阻礙了機構內部的企業家精神，因為某些值得去追尋的新目標和新功能，很可能並不存在於指標的範圍內。

我們將幾位思想家的見地加在一起，就能夠得出這一句格言：數值計算是想像力的敵人。就如同之前提過的，企業家精神取決於是否願意為了創新所能帶來的潛在利益，而去冒經濟學家奈特（Frank Knight）所稱的「無法評量的風險」，而這跟精確的數值計算全然無關。

又或者如同艾爾菲・考恩（Alfie Kohn）這位長期批判論質計酬的評論家所說，指標「箝制了甘冒風險的心，而這樣的心總是伴隨著探索力與創造力。我們因此變得不願意去承擔風險、探索各種可能性，也不想聽從我們的直覺，而這一切到最後，很可能不會為我們帶來任何好處」。[5]

實用的地方知識有其特徵，就如同詹姆斯・史考特所說，「它的經濟性和精確性絕對是足夠的，不多也不少，剛好可以用來處理眼前的問題」。[6]指標所保證的精確程度，可能比實際上操做這件工作的人所需要的大上許多，而要達到指標要求的精確度，必須花費更多的時間和精力，但可能並不值得。因此，要求精確度很可能是種浪費，也正是那些必須犧牲自己時間及原創性的人憎惡這種數值指標的原因。

「要求或是鼓吹使用機械式的精確度——就算只是在原則上要求，在一個無法達到這種精確度的領域中，也只是種盲目的做法，而且很容易誤導他人。」英國自由派哲學家以賽亞・伯林（Isaiah Berlin）在一篇有關政治判斷的文章中如此提到。

而伯林對政治判斷的見解也確實可以應用在更廣的範疇中。判斷，是一種能在某個狀況中掌握其獨特性的能力，而它所需要的天賦是融合，而非分析，「你必須要能夠同時吸收人在這種狀況中會產生的所有行為模式，知道該用什麼方法才能讓所有事情不至於分崩離析」。[7]能夠對所有狀況有感覺，並察覺到其中的獨特性，這正是數值指標所無法提供的東西。

凱多里對柴契爾的批判

一九八七年，由柴契爾夫人執政的英國保守派政府，設計了範圍相當廣的計畫，希望能改革高等教育所使用的公共基金。這個計畫導入了一個多餘的新績效指標，而首相與他們的官僚系統必須按照新績效指標所提供的證據，來選擇經費要提供給哪幾所特定的大學。艾利・凱多里（Elie Kedourie），這位聲譽卓著的保守派歷史學家及政治理論學家跳了出來，成為這個計畫最嚴厲的批評者。

他如此寫到：「在政府過度慷慨地超額補助了二十年之後，我們現在看到各處都對大學的運作方式產生模糊但非常強烈的不滿與不耐……一種對管理公式或配方無以名狀的渴求——亦即認為我們可能需要更多科學方式、資訊科技、問卷、監督機制——這麼一來我們就能夠科學化（或者最好像魔術般神奇）地證明他們並沒有浪費時間，而且他們這樣做還能夠直接與產業界的輸送帶接軌。」[8]

他也不可置信地質疑：「一個保守派執政黨理應要從大學的政策開始著手，卻做出與其所宣稱的理想和目標如此大相逕庭的事情來。」他的結論是：「為了理解這件無法理解的事，我只能得出這樣的結論，那就是，這個政策並非來自於思考後的決定，而是一個自動反映當下時代無可抗拒的潮流，所產出的無腦舉措。」[9]凱多里斷言，在高舉的「效率」大旗之下，各種欺瞞情事一定層出不窮，這是因為「效率並不是一般性與概念性的特質。它一定會與你所審視的對象有關。當一家公司在生產上所獲得的回饋大於付出，它的效率是高的，但大學並不是公司」。[10]根據凱多里的觀察，在大學是公司的前提下，而政府又代表公司的客戶時，將會是由教育部長根據這些有問題的判斷標準，來決定教育的價值何在。[11]

攻城略地的公信力

在後續的十年間，「公信力」與「績效衡量」也同樣在美國的公司領導人、政治人物與決策者之間，成為了最熱門的字眼。一九九三年，柯林頓總統（Bill Clinton）簽署了「政府績效與成果法案」（Government Performance and Results Act），這個法案要求所有政府機關撰寫使命宣言、長期策略規劃，以及年度績效目標，再附上一份說明，描述該單位的評量標準如何評判是否達標。

這個法案最初是由共和黨所提出，最後則是由民主黨的總統簽署完成，這個法案獲得了兩黨的支持。[12]二〇〇四年，在小布希總統任內，聯邦政府的審計總署（Government Accounting Office）更名成為責任總署（Government Accountability Office）。

就這樣我們進入了屬於我們的年代，從績效評量的歷史與理論正式進入了它在當代的實際操作之中。

III

一切都被誤測了嗎？案例研究

7 大學院校

就讓我們以高等教育做為探討的第一個案例吧，這也是我對「指標固著」展開研究的起點。大學院校身為所有先進社會的中堅組織，卻不得不屈從於國家經濟這個龐大的體系之下，就憑這一點，大學院校已經為績效評量制度的各種缺失和始料未及的後果，做出了最佳示範，但不可否認，大學院校也呈現出績效評量的優點所在。

標準提高：每個人都應該上大學

一旦我們開始執著於對事物的評量，我們很容易就會掉入這樣的迷思之中，開始相信：愈多就會愈好。

在政府與非營利組織的鼓吹之下，愈來愈多美國人在高中畢業之後選擇繼續升學。根據美國教育部的說法是：「在今天這個世界，大學早已不是只有少數人能夠負擔得起的奢侈品，而是種既經濟又全民化，所有美國人不可或缺的必需品。」[1]

光明基金會（Lumina Foundation）就是其中一個宣傳同樣訊息的非營利組織。其使命就是要使高等教育更為普及，目標是在二〇二五年之前，讓百分之六十的美國人都擁有大學學位、證書，或是其他「優質高等教育的學歷證明」。該組織官方網頁上的創會精神，就是所謂「更強大的國家」，其涵義是這樣的：

> 證明學習成果這一點至關重要，因此我們必須進行量化、追蹤，並且精準定義出哪些學校是有成效的，哪些學校沒有……光明基金會也與全美多位政策權威合作，不但訂定了學識上的目標，同時也發展、執行各種國家級計畫，以達成這些目標。單是去年就有十五個計畫，其中絕大多數的州都有非常明確的程序步驟以促進學習，同時達成他們所設定的目標。這些步驟包含：導入以成果為導向的經費、改善補救教育，以及讓高等教育的收費更為便宜等。[2]

光明基金會積極採納績效評量後，改變了他們的信念和行為，並在網站上表示：「身為一個重視結果的非營利組織，光明基金會採用由國家所制定的評鑑標準來規範我們的工作、評估我們所帶來的影響，並監督美國朝向二〇二五年的目標邁進。」

光明基金會的使命與美國社會廣泛認定的高等教育定義完全一致：大家深信應該要有愈來愈多人去上大學，這麼做不但能夠增加個人終生的收入，同時也能為國家創造經濟成長。

贏家的人數增加，降低了贏家的價值

光明基金會這篇懷抱著信念和績效目標的文章中所談及的提升，很可能是錯的。正如艾莉森．沃爾芙（Alison Wolf）這位倫敦大學的教育經濟學家所指出，擁有學士學位的人賺的錢確實比沒有學位的人多，所以就個人的層面來說，攻讀學士學位的確有其經濟意義存在。但就國家的層面來說，以為大學畢業生愈多就代表生產力愈高，這是個誤謬的想法。[3]

其中一個原因是，教育廣泛地說，是一個代表位階的商品——至少對求職市場來說是如此。對於有潛力的應徵者來說，學位就像是種標誌，有著快速標記的功能，讓雇主在收到求職申請時能先進行分類。擁有高中學歷顯示出該員具備中階的智識競爭力，同時也擁有能夠堅持不懈的性格特質，而大學畢業所顯示的則是擁有相同的能力與特質，只是程度更上一層樓。

在只有少數人能夠完成大學學業的社會中，擁有學士學位標誌了某種程度的優勢。但在愈來愈多人擁有學士學位之後，以學位來做為分類工具的價值就降低了。取而代之的是，過去只需要高中學歷就能夠勝任的工作，現在變成要有學士學位才行。這並不是因為這份工作現在需要更高深的知識或是更高明的技術，而是因為雇主現在可以從眾多擁有學士學位的應徵者中進行挑選，所以先將其他人給排除了。結果就是，既壓縮了那些沒有大學文憑的人的薪資，同時也讓許多大學畢業生置身於其實無法發揮大學所學的工作中。[4]這也導致了一場卡位的腕力賽：隨著這樣的情況逐漸廣為人知，就算要應徵的是一份最基本的工作，大學文憑也成了必備的條件，就這樣，愈來愈多人開始追求學位。

因此，愈來愈多人試圖取得大學學位這件事具有個人的動機，而於此同時，政府和私人組織則是開始制定各種績效評量，旨在提高大學的入學率和畢業率。

藉由降低標準來達成更高的標準

儘管有愈來愈多美國人進入大學，並不代表他們都為念大學做好了準備，又或是說，並非所有美國人都有能力取得真正有意義的大學學位。

事實上，並沒有跡象顯示，具備攻讀大學所需能力的高中畢業生人數有跟著增長。[5]一種評量是否具備該能力的方式，就是學生在成就測驗中的表現，比方像是SAT（學術水準測驗）與ACT（美國大學入學考試），這些測驗都是用來預測學生是否能夠順利完成大學學業。大部分會去做這些測驗，都是那些有望繼續接受高等教育的高中生，雖然有些州因為努力想提升學生的學業表現，而強制要求更多學生去做這些測驗。（這也可以算是一種倒錯的因果關係。學業成績表現較好的學生本來就會去做測驗，大家卻因此誤以為，如果讓更多學生去做成就測驗，可以提升整體的學業程度表現。也就是說，制定政策的人物錯將因當作果了。）

ACT測驗的項目有四：英語、數學、閱讀和科學。開發出ACT測驗的公司同時也制定了各種基準值，用來判定考生是否具備「得以應付大學課程的堅實能力」。最近幾年參加ACT測驗的考生中，有三分之一在四個項目中都沒有達到這個基準點，只有百分之三十八的學生在四個項目中的三個項目達到基準值。簡而言之，絕大多數想要繼續念大學的學生，顯然並不具備有這樣的能力。[6]

雖然很少人願意承認，但這樣的結果不難預料。由於有愈來愈多學生在準備不足的狀況下進入了社區大學和四年制的大學就讀，許多人都被要求必須先去上補救課程（現在被婉轉的改稱為「發展課程」），這些課程會教學生那些他們本該在高中就學會的東西。進入社區大學就讀的學生之中，有三分之一被指定得去上閱讀發展課程，更有超過百分之五十九的學生得去參加數學發展課程。[7]這些沒有準備好就上了大學的學生，同樣也給他們所進入的學校帶來額外需求，也因此提高了大學教育的成本：校園中日益增加的各種「卓越教育」中心，就是學校對那些沒有準備好足夠能力來面對大學課程的學生，所提供的寫作及其他能力的課外輔助單位。

大學，無論是公立或私立，其績效表現的好壞以及能否獲得獎助，都是以畢業率來進行評量，這也是學校排名的評判標準之一，在某些情況下更是能否獲得經費的標準。（還記得光明基金會大力鼓吹各州政府要以「績效成果來提供經費」嗎？）

藉由讓更多學生順利畢業，學校以公開呈現績效上的優異表現，來彰顯其公信力；然而，不那麼透明公開的是，他們其實也降低畢業所需要達到的標準。[8]學校提供更多課程，但這些課程的要求都很容易達成，也讓教授們承受了必須寬鬆給分的壓力——有時是直接挑明了講，有時則是拐彎抹角暗示[9]。大學教員中已經有愈來愈多是約聘講師，要是約聘講師把班上一半的學生給當掉（就算這是學生應得），那麼講師下學期很可能就不會再被續聘了。

學生在沒有具備相應能力的情況下進入大學的後果就是，入學後沒有取得學位的學生人數日益增長，這個嚴重的現象對於選擇上大學的學生來說，也造成了損失——學費、生活費，以及因為上大學而放棄的收入。[10]高休學率似乎也明白指出這一點。[11]至於那些拿到大學文憑的人卻發現，一般學士學位的經濟價值已經逐漸降低，因為大學學位對雇主來說，不再像過去那樣能夠標誌出真實的能力和學業成就。[12]察覺這一點之後，準大學生和家長們在申請大學時就更加挑剔，大家都只想挑排名高的學校[13]，結果就是導致學校間的排名角力賽，我們稍後會再回來討論這個議題。

降低取得大學文憑的標準就意味著，將取得大學文憑的人數比例當作「人力資本」指標已經成為分析公共政策時，一種欺瞞世人的評量手法。經濟學家只能用他們量測得出來的東西來做評估，而那些他們量測得出來的東西，則必須要先經過標準化才行。因此，研究「人力資本」及其對經濟成長帶來多少貢獻的經濟學家（還有那些最後的結論都是「經濟成長需要更多大學畢業生投入」的人），經常用大學畢業率來計算「人力資本」的達成，而忽略了並非所有大學畢業生都是相同的，而且有些人就算拿到了文憑，還是沒有相應的能力或成就。一些「不切實際」的經濟學家，用客觀的統計方法來評量關聯性很低的現象，結果就是做出「不合現實」的學術研究。

盡力提高大學入學與畢業人數背後的一個假設是，平均教育水準的提升，某種程度上就代表了國家經濟成長力的提升。但是在大西洋兩岸的知名經濟學家——英國的艾莉森·沃爾芙、美國的達倫·阿齊莫魯（Daron Acemoglu）與大衛·奧托（David Autor）——分別都做出結論認為事實並非如此，就算過去曾經是，如今也早已不再如此。

現在這個時代，科技已經取代許多之前由低階至中階人力資源所從事的工作，國家的經濟成長以創新開發為基礎，而科技進步不再像過去如此仰賴平均教育水準，而是要依靠那些分配知識、能力與技術的上位者。[14]在最近的數十年間，擁有大學文憑的人口比例增加，經濟成長反倒出現衰退的狀況。雖然擁有大學文憑與沒有大學文憑的人，兩者之間的收入依然維持著明顯的差距，但是大學畢業生的收入下降，似乎也顯示出在我們國家的經濟市場中，大學畢業生已經供過於求。[15]相反地，在技能行業中卻出現了人才短缺的情況，像是水管工人、木匠和電工（這些工作的訓練絕大多數都是透過學徒制，而非大學教育），而他們的收入通常要比念了四年大學畢業後的人要來得更高。[16]

為了確保萬無一失，公共政策的目標不能只瞄準經濟成長，大學教育也不只有提高薪水這個作用而已，我們等等再來談這個主題。現在很重要的一點是，我們必須了解，常被用來評量高等教育的標準，就連在經濟面上看起來都是曖昧不明的。

評量大學績效的壓力

自從艾利・凱多里抨擊柴契爾夫人的保守派政府採用集中管控政策以來，數十年間，英國政府對各高等教育機構的集中管控範圍不但更加擴大，也更為嚴格。其中許多的管制，是以管理模式中的績效表現來進行，這對許多領域的獎學金來說，大大有害。

跟全世界其他地方一樣，為了配合政府的政策目標，英國有愈來愈多人進入大學就讀。一九七〇年代，同年級之中只有百分之十的人會進大學；到了一九九七年，這個數字已經接近三分之一，而到了二〇一二年，十九歲的人之中，有百分之三十八會進入高等教育學校就讀。[17]要負擔這些學生的費用是極其沉重的，而近幾年來，這些開支已經逐漸以學費的型態，轉移到學生自己（或他們的家人）身上。但是政府的支出依舊龐大，所以在努力控制花費並確保獲得一定的「價值」之下，這種管控愈來愈常採取達到「據說的成果」之後才付錢的方式進行。這個「成果」就是指各個系所與學院，在經過標準的評鑑之後所得出的績效表現。

為了要獲取「價值」，英國行政官員打造出一系列的政府機關，負責評估全國的大學院校，並取了像是「高等教育品質保證局」這樣的名稱。[18]這些機關會對教學品質進行監督，像是「教學品質評鑑」，主要在確認教師是否遵守了各種教學程序，以及是否填寫完成規定的書面作業，其中並沒有太多跟真正教學有關的部分。[19]但有個結果卻相當清楚明白，那就是教授們被迫要花愈來愈多的時間在書面作業上，而非進行研究或教學。有愈來愈多專業人員投入於收集、分析所謂的「卓越研究架構」。[20]在英國，這些標準評鑑作業的花費，光是二〇〇二年就達到了兩億五千萬英鎊。[21]其他採納了績效評量的國家，也同樣出現行政官員急遽暴增的情況，比方說澳洲。

在絕大多數類似的體制中，這些評量標準將時間與資源，從「實際把工作完成」轉移到「記錄工作是否有被完成」，也從那些「進行教學與研究」的人身上，轉移到那些「為研究評鑑作業收集資料並負責宣傳」的人身上。[22]搜集更多的資料表示需要更多的人力來做管理、更多的繁文縟節、更昂貴的軟體系統。諷刺的是，在控管開支的名義之下，支出卻暴增。

在美國也有非常類似的單位，這些評鑑機構可以為美國大學院校提供正當性證明。雖然它們是地區性的，但想要拿到聯邦政府的經費，就必須要先獲得這些機構的認可，因此它們也是一種操作在聯邦政府手上的工具。[23]儘管它們並不像英國的同類單位那樣直接掌控經費，但依然扮演著至關重要的角色。在最近這二十年間，它們工作就是對旗下獲得認可的大學院校施壓，逼迫校方在已成常規的「評鑑」名義之下，接受更為繁瑣的績效指標。[24]

對高等教育進行績效評量所帶來的好處，被大力推動的人標榜成能將大學「變得更像是一門生意」。但做生意的人會限制投入過多時間和金錢來做績效評量——過了臨界點之後，這麼做反而有損於獲利。諷刺的是，由於大學及其他非營利組織沒有這樣的底線，政府或是評鑑機構，甚至是大學的行政單位主管都能無限上綱評鑑的標準。[25]這麼做所帶來的影響就是支出增加，或是將做事的人所需的經費轉撥給了管理人——而這麼做通常也正合後者的心意。現在很難找到任何一所在最近這二十年間，相較於教授和學生，管理人的占比沒有大幅增長的大學[26]，在整個國家的所有層面亦是如此。

排名角力賽

另一個在高等教育中影響力與日俱增的績效指標就是大學排名，而排名也有許多種類。就國際上來說，有上海交通大學的「世界大學學術排名」（這個排名是為了提供中國政府一個不同於中國大學的「全球標準」，讓中國國內的大學可以用來評估自己在「硬科學研究」上的進展與國際間相比是如何，也因此這個標準在自然科學與數學領域的論文發表及獎助金發放上，占了百分之九十的權重）[27]，另外還有《泰晤士高等教育報增刊》的「世界大學排名」，不但將教學與研究納入其中（包括發表的論文篇數以及被引用的次數），更加入了「國際視野」這個項目。而在美國，最有影響力的排名則是《美國新聞與世界報導》（縮寫為USNWR），其競爭對手還有《富比士》、《新聞周刊》、《普林斯頓評論》、《凱普林格雜誌》等等。這些排名（或是英國人俗稱的「排行榜」）是大學名聲的重要出處，校友會與信託基金董事會的成員，全都急著想把他們學校的排名往前擠，可能的捐款者和可能就讀的學生當然也是如此。

於是，維持或改善學校的排名便成為大學校長及行政高層的首要任務。[28]事實上，在美國的確有大學校長的聘任合約中載明了，如果他們能將學校的排名往前推進，可獲得額外的紅利獎金。其他的學校行政高層人士亦是如此，由於影響排名的一個要素是錄取學生的測驗分數，所以有不只一所法律學院，其院長的薪酬有部分是以任內學生的錄取分數來計算。[29]

最近我很困惑地發現，某所排名中等的美國大學在每一期的《高等教育紀事報》上刊登全版廣告，大力宣傳自己學校的教師們正在著手進行的重要研究工作。由於紀事報絕大多數的讀者都是學術界人士，特別是學術界的行政高層，我只能搔頭不解為什麼這所並不是太富裕的大學要花這麼大一筆錢在看起來沒有什麼用的廣告上。但突然間我恍然大悟：USNWR的排名有很大一部分，是參考一份針對大學校長進行的問卷調查，請這些校長對其他大學的學術聲譽進行排名。這個評判標準的有效性很可疑，因為大部分校長對其他學校的發展其實毫無所悉。所以，這份廣告的目標在於提高該校的可見度，試圖藉此讓自身在USNWR的學術聲譽排名有所提升。

大學院校也花了非常多的錢在製作閃閃發亮的手冊上，積極宣傳學校的設施和教師陣容多麼可觀。這些手冊也會寄給其他大學的行政高層，也就是能夠對USNWR問卷調查進行評選的人。儘管大學院校背地裡花了幾百萬元來製作這些行銷出版品，卻沒有證據顯示這麼做真的有用。絕大多數的宣傳品都被扔掉了，收件人甚至連信封都沒有拆，就直接送進資源回收桶裡。[30]

除了這些對提升教學或研究品質完全沒有任何幫助的費用支出之外，愈來愈重視排名這件事，也造成了新型態的數字美化手法，藉由忽略或扭曲數據來達到目的。最近一次針對美國法律學院所進行的學術調查就是很好的例子。

法律學院的USNWR排名基本上是以該校全職入學學生的LSAT（法學院入學考試）分數及在學時的GPA（學業成績平均點數*）來做計算。為了讓統計數字看起來更漂亮，成績較差的學生就被劃分到「兼職」或「觀察中」的類別中，這樣一來他們的成績就不會被計算進去。由於轉學生的分數是不列入排名計算的，

---

*譯註：GPA為美國大學的成績計算方式，將成績分為四點，基本上是：60～69為1點；70～79為2點；80～89為3點；90～100為4點，以此成績點數與學分加權後，所得到的平均值即為GPA。

很多法律學院的招生辦公室就會遊說那些就讀於排名略低學校的學生，要他們在原校就讀一年之後再轉學過來。此外，低師生比同樣也會讓學校的排名加分。因為師生比都是在秋季班時進行評量，因此法學院會變相要求教師們只在春季班時休假。[31]這些用來玩排名遊戲的手法絕不僅止於法律學院在使用，許多大學院校都在耍弄同樣的手段。[32]

這麼做有價值嗎？最新的幾項研究顯示，大學排名對於入學人數的影響，並沒有像學校行政高層認為的大，而花費在提高學校排名的資源並沒有帶來相應的效果。[33]果真如此的話，我想這個訊息還需要再花一些時間，才能慢慢傳進學校高層的耳裡。

計算學術生產力

在嘗試以標準評量取代過去評判品質高下的方法時，排名機構、政府單位以及大學的行政高層，開始將大學教師所發表的學術論文數量當作一種標準，並用一般處理這類資訊的商用資料庫來計算論文的數量。[34]下面這個例子可以說明資訊標準化是如何使品質降低。

第一個問題是，這些資料庫通常都與現實不符，它們原本的設計是用來計算自然科學的數據結果，因此所提供的人文與社會科學方面的資訊，通常都會有所扭曲。在自然科學以及某些行為科學的領域中，新研究要為人所知，最主要的方式是透過在由同儕審閱的期刊上發表論文。但在歷史這一類的領域，就不是如此了，在這些領域中，著書還是最重要的研究發表方式，也因此只計算所發表的論文篇數的話，呈現出來的就是經過扭曲的面貌。問題從這裡才剛開始而已。

當教師本人或是整個系所都被以著作的數量來做績效評量時，無論寫的是論文還是書，動機都會變成是要產出更多，而不是更好的著作。真正重要的書可能需要花好幾年的時間進行研究與寫作，而如果制度獎勵的是產出的速度和數量，結果非常可能就是產出一堆價值並不高的著作。這似乎就是英國所發生的狀況，進行「研究評鑑作業」所帶來的結果就是一大堆無趣至極的研究著作，而且根本沒有人讀。[35]這個問題也不僅限於人文學科領域，在科學領域亦然。單純只根據績效表現來進行評量，導致大家只注重於短時間內的著作量，而非長期的研究能力。[36]

學術界跟其他地方沒有什麼不同，只要有被評量的項目，就會有人動手腳。比方說著作的「影響係數評量」（impact factor measurement）就是如此。一旦大家發現並非所有發表的論文都具有相同的重要性，就會有人想出方法來評量每一篇論文的影響力究竟有多少。至於評量方式有二：一是計算這篇論文在Google Scholar或其他商用資料庫中被引用的次數；二是考量刊登這篇論文的期刊的「影響係數」有多高，而這個係數是由這本期刊中論文在資料庫裡被引用的頻率所計算出來的。（當然，這種方法完全無法區分以下兩種引用的差異：「傑瑞．穆勒那本探討量化議題的書，內容涵蓋範圍廣泛，令人眼界大開，正中紅心戳破了許多機關單位最害怕為人所知的事。」以及「傑瑞．穆勒那篇大家都看不懂的長篇大論，活該被所有管理者和社會科學家視而不見。」從影響係數表的角度來看，這兩句敘述所代表的價值完全相同。）

期刊是以專業領域來分類的，只有在作者專業領域範圍內的引用才會被列入計算。這也是個問題，因為這會讓跨領域主題的著作受到不公平的對待（例如本書就是）。

此外，「坎貝爾法則」（在第一章中曾解釋過）也再次出現，因為想要提高引用分數，有些學者會私下組成一個非正式的論文引用小團體，成員會盡其所能在自己的論文中引用其他成員的著作。有些排名較低的期刊甚至會要求作者必須接受在自己的論文中，額外引用由該期刊所發表的論文，希望能藉此提高期刊本身的「影響係數」。[37]

你可能會問，除了不斷增加著作數量以及它們的引用次數，並想辦法在排名高的期刊上發表論文之外，還有什麼其他的做法嗎？答案是，專業的判斷。在大學系所中，是由系主任或一個小型的委員會來進行教師生產力的評鑑，在必要時，他們會諮詢系上其他教師成員，借重他們的專業知識與長年累積的經驗來了解，構成一篇論文或一本書的重要元素是什麼。要做出重大決定時（例如是否給予終身職或是准許教授升等），則會有更細密完整的同儕審查。資料庫所收集的引用數字可能可以在這個過程中發揮其作用，但這些數字同樣也需要由具有專業經驗的人來判斷其價值如何。

以「專業經驗」為基礎的判斷，正是過度依賴績效指標時被捨棄的東西。[38]正如一位專門探討如何使用及誤用科學排名的專家所言：「最常見到的是，排名系統被當成是一種既廉價又沒有實際效果的方法，用來評量科學家個人的生產力。這種做法不只會造成評估的結果不精確，同時也會誘導科學家將追求排名放在第一位，而不是做出好的科學研究。想評估一位學者的論文或研究成果有多高的重要性，其實還有更好的方法，那就是：把它好好讀一遍。」[39]

排名的價值與限制

USNWR這類雜誌所提供的公開排名確實也有其好處。對那些沒有這類資訊的人來說，它們至少提供了初步的指引，讓人了解不同大學的相對地位。同時也促使大學院校對可能的學生釋出各種關於學校的實用資訊，像是留校率與畢業率各是多少。但這些排名通常無法提供任何資料讓人了解，為什麼某間學校的留校率與畢業率會特別高或特別低。如果一所大學收到的是已經做好準備的學生，那麼它的留校率和畢業率就會比較高。

不過，對於旨在教育那些尚未準備好的學生的學校來說，「透明的」量化指標就會讓它們看起來成效不彰，可是若以學生入學時的程度來看，它們可能才是實際上成效較高的學校。這些學校所收的學生都比較需要補救教學的幫助，最後能取得學位的人數也較少，在求職市場中的表現也相對較差。就如同位在貧困地區的醫院會因為病人的再住院率過高而遭受懲罰一般（我們會在第九章中討論這個議題），招收低收入學生的大學院校，也會因為收了原本就是它們教學目標的學生而遭受懲罰。

排名製造出動機，讓大學一心只想符合排名的評量指標。受到評量的項目就會受到重視。這導致了一致化的傾向，大學捨棄了它們原本明確的任務，變得與其他競爭者愈來愈像。[40]

替大學打分數：「大學計分卡」

美國幾個強力支持量化指標的機構之一就是教育部，換了幾任總統皆是如此，無論是共和黨還是民主黨都一樣。在歐巴馬總統的第二任任期內，他的教育部著手規劃了一個精細的「高等教育機構排名系統」。

這個系統主要是用來對所有大學院校評分，並將資料中的「性別、種族和其他因素」分散計算，最終目的是依照大學排名來發放聯邦經費，而此排名的重點在於學校的入學率、學費平價程度以及教育成果，包括了學生畢業後的可預期薪資。「公立學校都知道學生的費用有多少是由聯邦政府所補助，所以我們在評估投資效益和優先順序時，理應將它們的績效表現納入考量。」當時的教育部次長泰德·米契爾如此說道。「同時我們也得為學校創造動機，讓它們加速朝向更重要的目標邁進，像是讓低收入的學生畢業，並且降低學費開支。」[41]

行政部門希望制定一個進行全面考量的排名系統，但這個計畫卻遭到大學與國會的反對。到最後，教育部只好妥協，接受一個簡化後的版本：「大學計分卡」（college scorecard），並在二〇一五年九月正式公佈。

這個排名系統是良好立意下的產物，目標是希望能處理我們在提供高等教育時所面臨的真實問題。其中一個很大的問題，就是那些以獲利為前提的學校，會提供以職業技能為導向的課程，像是廚藝、機械維修或復健這些擴展速度與日俱增的領域，但課程品質往往參差不齊。其中一些機構甚至可說是以搶劫他人為生（像是

Corinthian 和 ITT，兩家公司最後都被政府強制關門了），它們以那些無法獲取足夠資訊的學生為獵物，向他們保證只要獲取眼前那唾手可得的學位，就能夠找到薪資豐厚的工作。事實上，這類教育的品質通常都很糟，學生畢業後也很難能夠找到好工作。此外，教育部所提供的學費補助，約有百分之九十流入了那些只顧賺錢公司的金庫裡，成為學生借款人在日後必須償還的貸款。為了要處理這些低端學店所造成的問題，教育部採取的辦法卻是制定出一套高得難以達成的標準，讓所有大學院校跟著一同遭殃。

大力支持政府廣泛運用量化指標的人所忽略的是，**大學教育成本日益增加的問題癥結點，有一部分正是來自於學校的行政管理高層編制愈來愈大，而其中有許多都是為了要達成政府指令而增設的職位**。這項新計畫可以預見的影響就是行政開銷勢必增加，不但教師得挪用教學與研究的時間來填寫數據表格，收集表格及進行數據分析的行政人員也得增加，才能提供符合政府標準的原始資料。

最初計畫「高等教育機構排名系統」中的一些建議項目其實互相排斥，有的則單純是很荒謬。舉例來說，「增加大學畢業率」與「增加入學率」根本就不可能並存，因為弱勢學生除了在經濟上有困難之外，學業程度也較差。而學生學業程度愈好，才愈有可能準時畢業。因此，社區大學和其他提供就學機會給程度較差學生的教育機構，就會因為畢業率低而受到懲罰。當然可以用兩種辦法來欺瞞這個系統，蒙混過關。它們可以提高招收學生的標準，增加學生畢業的可能性，但如此一來，代價就是會降低入學率。又或者它們可以降低畢業的標準，但是會轉而降低教育品質及學位的市場價值。這些學校還是有可能可以招收在經濟、智識以及學業表現上較差的學生入學，並確保他們之中有更多人可以畢業，但這麼做要支出的費用就會變高，與教育部的另一個目標「降低教育的費用」相左。

另外一個評量標準是大學院校要提供學生在畢業後的平均薪資數據。這對那些以職業技能為教學目標、只為了賺錢的教育機構來說確實很有道理。但是對絕大多數大學院校來說，取得這項資訊不但成本昂貴，資訊本身也非常不值得信賴，這些數據往往經過扭曲。許多表現最好的學生都會繼續接受更專業的教育，而這就表示，在他們畢業後進入其他學校深造的那段時間裡，薪資會很低。打個比方，一個大學畢業後立刻進入沃爾瑪擔任收銀員的學生，他的薪資一定會比進入醫學院繼續攻讀的同學要高。然而，「平均薪資」只因為有數據可以看，所以在大眾眼中就有「公信力」。

大學教育費用增加還有另一個層面更廣的問題，那就是，費用持續增長的速度已經超越了通貨膨脹。學費平價這個問題，也因為許多州政府大砍對州立大學的財政預算而愈形惡化。或許在大學學費平價程度這個項目中，最不透明的資訊就是，就讀某所學校真正的花費是多少，因為標價與實價之間存在著極大的落差。所謂的標價就是官方公佈的學費、住宿費和餐費價碼，而實價則是在扣除依照經濟需求或學業優異程度所獲得的財務補助之後，學生與家長實際付出的費用。兩者之間的差異通常相當大，對許多人來說根本是始料所未及。

聲譽最卓著的學校通常也是獲得政府最多資源的學校，它們有能力提供絕大多數入學學生在大學學費用上的補助。因此，一個經濟窮困但懷抱著遠大願景的學生最後會發現，比起進入一所聲譽不那麼高，但表面上看起來費用較低的學校，其實還不如挑一所菁英大學會比較便宜。如果排名想要傳遞的是這樣的訊息，如同大學計分卡系統想要做的，那麼它還真是發揮了功能。

為了達到歐巴馬所宣佈的目標，幫助學生和家長「獲得與付出金額等值的最大教育效益」，「大學計分卡」特別著重於三項標準：畢業率、年平均花費，以及「畢業後薪資」（以進入大學後十年的薪資來計算，而不是剛畢業的薪資）。[42]這個數字大有問題，因為它只納入了獲得聯邦補助的學生的資訊，也就是說，統計結果只對經濟背景窮困的人有參考價值。

由於其他較富裕的學生可能會獲得較優渥的薪資[43]，因此「畢業後薪資」這個數字就被曲解了，儘管不同的學校會根據學生組成中不同的背景分佈，以各種方式來解釋這個項目。更令人擔心的是，「大學計分表」可說是「完全沒有想要排除學校本身對學生薪資收入的影響，因為根據學生的家庭收入和考試成績，或是學校所提供的學位等級，我們可以合理預期學生未來的薪資收入有多少」。[44]然而，大學的成果與其所收的學生有著高度關聯：學業程度較優異的學生（他們的父母親通常也擁有高教育水準或高收入），會讓大學在成效的評量指標上有比較好的表現。[45]布魯金斯學會（Brookings Institution）曾試著要克服這個難題，希望藉由加入更多資訊來計算出「增值」的部分。所謂的「增值」指的是，以目前可取得的入學學生背景資料，來判斷每所大學所提供的收入增加是多少。這麼做的目的是希望這個指標「能夠對許多有興趣知道學校在教育學生獲取未來工作收入上的表現如何的人有所幫助」。

指標所傳遞的訊息：進大學的目的是為了要賺錢

且讓我們把這些指標的精確度和可信度先放在一邊，來探討一個更重要的議題：這些指標本身所傳達出的訊息。「大學計分表」將大學教育視為單純的經濟制度：它唯一關注的只有其投資報酬率，而大家對投資報酬率的理解就是，花費在大學教育上的金錢與大學學位所能夠提供的收入增加，兩者之間的關係。這是非常正當的考量，畢竟大學的費用在家庭收入中的占比愈來愈高，又或者學生會因為念大學而揹債。再來，人生中最重要的事情，就是能夠擁有賴以維生的收入。

但這並非人生中唯一該做的事，這也是大學教育裡逐漸萎縮的一個重要觀念，現在大家都只將大學教育視為是增加收入的一種方法而已。[46]這是「大學計分卡」系統所形塑與鼓勵的理想教育，其他類似的量化指標亦如是。「訓練」與「教育」

的不同，在於「訓練」是要讓人能夠生產與生存，「教育」則是讓生存具有意義，而「大學計分卡」只具備了前者的功能。[47]

無可否認，「大學計分卡」和布魯金斯學會的系統都只針對那些在工程與科技領域，擁有卓越聲譽的大學進行排名——這些領域都與製造相關。至於能夠讓你了解藝術品來龍去脈的藝術史課程、訓練你聽出交響樂曲的旋律與變奏的音樂課、加強你賞析詩句能力的文學課、讓你能夠了解關鍵經濟架構的經濟課，或是讓你大開眼界，一覽人體構造奇妙之處的生物課——以上這些全部無法以量化指標中的投資報酬率來計算。大學通常是我們結交人生摯友的地方，其中也包括了最重要的一份友誼——婚姻，這些同樣是無法計算的。理論上，這些都應該在計算「投資報酬率」時納入考量，但因為它們無法以量化的單位來表示，所以就不被採入計算範圍。

單獨專注在金錢投資報酬率上的指標所帶來的傷害，與其他量化指標一樣會影響我們的行為。現在排名最頂尖的大學已經將很大一部分的畢業生送進了投資銀行、顧問公司，以及高級法律事務所等高收入的行業。[48]這些都是值得尊敬的職業，但是鼓勵全國最優秀也最聰明的人選擇這些職業，真的是對國家最有利的事嗎？將未來收入變成大學排名中相當重要的評量項目，可以預期將造成的一個影響就是，教育機構會更積極地將學生送進「收入最高」的專業領域之中。只要學生畢業後選擇收入較低的職業，像是教師或公職，這些學校就會受到懲罰。[49]

一個資本社會需要仰賴各種不同的機構為市場提供平衡的力量，而其主要關注的重點就在於金錢的獲取。要讓我們的學子學習扮演好屬於身為公民、朋友、配偶的角色，以及讓他們具備足夠的能力去開展智識豐富的人生——這些都是大學所應發揮的功能。讓學生擁有具備市場機制的技能，同樣也是大學的責任。但是用這種扭曲變形的標準來評量高等教育，不啻將高等教育矮化成只要讓學生具備未來可以賺錢的能力就好。

8 各級學校

美國十二年國教對於量化結果的要求，比過去更加緊密貼近政府的政策方向。套用身為歷史教育學家（同時也曾是教育部官員）的黛安．拉維奇所說的話：「各州州長、企業執行高層、老布希第一任時的行政團隊以及柯林頓的行政團隊，都在這一點上的看法一致：他們全都想要量化的結果，想要知道投資在公共教育上的稅金有豐碩的報償。」[1]在公家教育機構中，量化標準變成了「沒有孩子落於人後」，這是小布希在二〇〇一年所推動的主要立法法案，獲得了兩黨共同的支持，其正式全名是：「一條以公信力、彈性與選擇來填補成就差距，不讓任何孩子落於人後的法案」。

問題何在及其解決方法

「沒有孩子落於人後」為的是突顯一個真正的問題：儘管動用了國家層級的力

量來讓不同學區的支出維持相同，但學校中不同種族學生的表現，還是持續呈現明顯的差異。支持改革的人認為這個法案能夠扭轉老師與校長缺乏責任感的狀況，並製造出動機讓老師、學生與學校藉由調整行為來改善結果，「達成系統所設定的績效指標」。[2]這裡所預設的問題就是公立學校的老師缺乏專業度。

這個法案花了超過十年的時間醞釀，並經過多次的遊說才成功，而背後推動的則是相當特別的跨領域聯盟：關切人力品質下降的商業團體、因為不同種族出現成就差異而倍感挫折的人權團體，以及那些認為公立學校教育失敗而看不下去的教改人士，他們疾呼需要制定一套國家標準、考試和評量的方法。[3]這種評量制度的好處被吹捧得過了頭，簡直堪稱是烏托邦。全國商業聯盟的威廉．寇爾柏格聲稱：「建立一套國家的標準系統，再輔以評量，如此便能夠確保每一個學生在完成義務教育時都具備了閱讀、寫作與算數的能力，並且能在學校的一般共同科目上表現出世界級的水準。」[4]

這份努力在聯邦政府層級所產出的第一個成果，就是一九九四年由柯林頓總統所採行的「美國學校改善法案」（Improving America's School Act）。於此同時，時任德州州長的小布希，也開始下令在德州大力推行學力測驗與教育公信力。在最早由老布希總統正式推行的「沒有孩子落於人後」法案之下，許多州開始每年對所有三到八年級的學童進行數學、閱讀與科學的學力測驗。這項法案主要是希望能讓所有學生在二〇一四年時達到要求的「學業能力」，並確保每一所學校中所有種族的學生——包括黑人和拉丁裔這群特別被挑選出來進行「比較評鑑」（Comparative Evaluation）的族群，都能在每年出現「足夠的進步」，以朝向達成學業能力標準的目標邁進。

法案中也針對那些無法讓指定種族學生達到「足夠進步」的學校，施加了一系列的罰則與制裁。這條法案獲得了參議員愛德華·甘迺迪（Edward Kennedy）的資助，儘管還是有部分保守派的共和黨員十分厭惡聯邦政府出手干預教育政策，也有一些自由派的民主黨員不表贊成，法案仍在國會得到了共和黨與民主黨的支持並通過立法。[5]

然而，就在施行超過十年之後，「沒有孩子落於人後」法案力推的公信力條款所能帶來的好處，依然曖昧不清。（法案的其他面向，像是增加家長可以挑選的學校、成立特許學校，和提高教師的任教資格等，看起來都還算成功，但這些就不在本書的討論範圍之內了。）只要學生的學科測驗數據能夠證明「沒有孩子落於人後」確實有成效，支持者都緊抓不放。然而，小學生的測驗分數實際上只有些微進步，速度也沒有比法案施行之前要快，而且施行後對中學生的測驗分數所帶來的影響甚至更為有限。

「沒有孩子落於人後」法案主要的影響是讓更多人注意到「成就落差」這件事，也就是亞洲人、白人、黑人以及拉丁裔學生在學業表現上的差距。[6]亞洲人的成績通常勝過白人，而白人的成績也通常會比黑人和拉丁裔學生好。其中最顯著的狀況就是非裔學生在學業表現上持續落後，即使在法案施行八年之後，非裔學生的成績依然沒有起色。另外，「國家教育進步評量測驗」這類針對七歲學童所進行的英語和數學考試，其平均分數從一九七〇年代初一直到二〇〇八年，並沒有出現任何變化。事實上，每一個種族（亞洲人、白人、黑人，以及拉丁裔）的分數多少都有提升，但是因為學童的種族組成有所變化（特別是拉丁裔學生的人數比例日益增加，而他們的分數通常都比同年齡的亞洲和白人學生要低），因此國家測驗的平均分數依然維持不變。[7]

始料未及的後果

「沒有孩子落於人後」法案著重於「測驗」與「公信力」所帶來的後果十分錯綜複雜，也放大了許多指標固化所特有的缺陷。在法案的推行之下，標準化測驗的分數就成了一種數值指標，並以此來判定成敗。這對教師和校長來說是個非常大的賭注，他們是否能夠加薪，甚至能否保住飯碗，全都要靠這個績效指標來決定。這就難怪教師（在自家校長的鼓勵之下）會將課堂時間挪用來加強測驗的科目數學和英語，壓縮了其他科目的上課時間，像是歷史、社會、藝術、音樂和體育。而教授數學和英語時，則是把重心全部集中在考試所需要的技巧上，而不是更廣泛的理解能力，學生經常學到的都是應付考試的方法，而非實實在在的知識。就如同在HBO影集《火線重案組》中所描繪的情景，許多課堂時間都被用來練習考試的題目，這怎麼看都很難說是能刺激學生學習的方式。也因為學生所受到的教育是如何根據短短一小段文章中的題目，來回答選擇題和簡答題，因此他們在閱讀和寫作長篇文章的能力變得更差，跟馬修·阿諾德在一百五十年前所預測的一樣。[8]

問題並不在於採用標準化的考試，只要經過適當的調整，考試可以成為評量學生能力和進步程度的有用工具。增值測驗可以評量出學生每一年的學業表現有何變化，具有非常實用的功能，也能夠幫忙找出教學表現不佳的老師，並請這些不適任的老師離開教育系統。[9]更重要的是，增值測驗可以是非常有用的診斷工具，幫助老師自己發現課程中的哪些教學確實有用。但是，增值測驗需在「低代價」的狀況下，才能發揮其最大效果。[10]正是因為過於強調將這些測驗做為評量學校績效的最主要標準，才會製造出錯誤的動機，包括不惜犧牲學校本身更遠大的目標，也要將全副心力用來準備考試。

必須付出高代價的測驗同樣也造成其他方面的失能，像是美化結果。在德州與佛羅里達州的研究顯示，許多學校將程度較差的學生重新分類到「有學習障礙」的類別中，這樣一來他們就不在評量的範圍內了，於是學校的平均成就程度便得以提升。[11]又或者乾脆大家一起在考試中作弊，所以會出現老師替學生竄改答案，或是把分數很低的學生的考卷丟掉——這些都是在各大城市真實發生並記錄有案的狀況，包括了亞特蘭大、芝加哥、克里夫蘭、達拉斯、休士頓、華盛頓特區等城市。[12]也有可能是市長和州長藉由降低測驗的難度或及格的分數，來讓目標更容易達成（也就是變相提高及格率），如此一來便能展現出教育改革的成功。[13]

注重透過標準測驗所評量出來的表現成果，也製造出另外一種錯誤的結果，一如坎貝爾法則所預測的：這麼做摧毀了測驗本身可預期的有效性。績效測驗原本就是設計來評估學生透過一般教育所獲得的知識與能力有多少。當教育單位將教學重點轉移到培養學生在測驗上的表現時，這個測驗所評量的，就不再是它原本設計來評量的東西了。舉例來說，如果課堂時間都被用來練習與模擬測驗考題的選擇題（用的可能是以前的測驗考題），學生是可以考出高分，卻沒有真正學到什麼內容。[14]

就在美國的「沒有孩子落於人後」法案施行前幾年，英國政府才剛剛採納了自訂的指標評量系統。二〇〇八年，一個國會層級的委員會在檢視這個系統時，也發現了與美國相同的失能狀況。[15]

強化數據的功能

儘管「沒有孩子落於人後」法案中的測驗與公信力制度有各種缺陷，歐巴馬行政團隊的教育部依然在十二年國教中強化了數據的功能。二〇〇九年，教育部推行了「邁向巔峰」（Race to the Top）計畫，這個計畫的經費來自於「美國復甦與再投資法案」，促使各州「採納有足夠能力進入大學與投入職場的標準與評估辦法，建立一個能夠評量學生成長與成功表現的數據系統，使學生的成就能與教師、學校管理階層人員之間產生一定的關聯」。[16]相較於「沒有孩子落於人後」法案把關注焦點集中在評量整所學校的表現，「邁向巔峰」計畫則是將績效指標延伸到教師個人的身上，提供經費給願意採納這些指標項目的州和學區。

現在，老師們可以依據自己學生的成就變化獲得獎勵。這就是眾人所知的「增值計分」，或「學生進步幅度」。大家都能了解，學生最後拿到的分數多高或多低，都不該要老師為此負責，因為學生分數的高低也與許多外在因素有關，而這些都是老師無法掌控的，但是老師必須對學生在這個學年中，究竟學到多少負起責任。計畫的辦法是在每學年開始與結束時各進行一次測驗，找出「加值」的部分（這部分也考量了種族與家庭背景等風險因素做了調整），並以此來給予老師獎勵。在某些州，加值分數占了老師評鑑分數的一半之多，而要產出「邁向巔峰」計畫所要求的數據，就需要再次將測驗與評量的範圍擴得更大。[17]

經濟學家的發現，也更加激勵學校採納針對老師所設計的加值績效指標。最早的指標顯示，某些老師確實比其他同僚優秀，而他們班上學生的學業表現也較為優異。經濟學家從這些有限的指標中所推斷出的結論是，成就差異是可以拉近的，只要讓窮困的學生受教於前百分之十五的優秀老師，並將第一年教學表現分數最低的百分之二十五老師辭退即可。然而，隨著時間過去，我們可以清楚地看到，每一年的加值分數也逐漸降低。[18]

績效薪酬制

受到與「邁向巔峰」計畫相同的邏輯所驅使，各學區也開始實驗自己的「績效薪酬」制度，根據加值指標來提供老師教學獎金，結果卻令人失望。規模最大的是紐約市在二〇〇七到二〇〇九年之間所試行的教師績效薪酬制度。經濟學家羅蘭・弗瑞爾（Roland Fryer）對此實驗所進行的研究讓他得出一個結論，那就是，「沒有證據顯示老師的動機能夠提升學生的課業表現、出席率或畢業率……也沒有任何證據顯示，這樣的動機能夠改變學生或老師的行為」。[19]而二〇一一年范德比大學（Vanderbilt University）的國家績效激勵中心所做出的結論也與此一致。研究發現，根據加值排名指標提供納許維爾市的老師獎金，沒有帶來任何可見的影響。[20]甚至更早之前，大約一九八〇年代左右的研究也已經得出了相同的結論。儘管有這些證據，大家對按質計酬的信心仍舊無比強大，也因此，我們得一次又一次重新發現它的缺陷和不足。[21]

按照評量表現來支付薪酬的制度儘管失敗了，聯邦政府卻沒有因此停止投入更多的資源繼續推行這個制度。舉例來說，二〇一〇年，教育部從二十七個州中挑選出六十二個計畫，準備在接下來的五年裡，從教育部的「教師激勵基金」提撥約十二億美元供這些計畫使用。全世界也不只有美國這樣做而已，英國、葡萄牙、澳洲、智利、墨西哥、以色列和印度，也同樣用績效表現的評量結果，來決定教師是否獲得加薪、終身職與升遷。22

永遠無法拉近的成就差距

或許對支持美國教育採用任何指標評量的人來說，他們最關切的一點就是，不同族群或人種在學習成就上的差距。這也是支持「沒有孩子落於人後」法案的前輩，以及這個法案本身之所以成立的主要動機，同時也是歐巴馬執政任期內教育部的核心政策，並一直延續到在二〇一五年底通過表決的更新版——「每個學生都成功」法案（Every Student Succeeds）中。（如同「沒有孩子落於人後」、「自由伊拉克行動」一樣，這個法案名稱表達的是個不可能實現的願望。）並非只有聯邦政府重視這個議題，許多州和自治城市的教育政策中也都明顯可見這一點，也主導了各大教育學院的課程規劃。學校愈來愈被人認為應該是個「拉近學習差距的機構」。23

然而令人震驚的是，經過幾十年不斷收集並公佈這些指標，結果卻顯示，基本上這個狀況並沒有什麼改變。相較於白人學生，黑人與拉丁裔學生的學習表現還是維持在同一個程度上。儘管四年級與八年級生的學習程度有些許波動，但整體上最終結果——也就是中學最後一年，十二年級生的學習指標——幾乎沒有任何變化。

全美國的學生都要在四年級、八年級與十二年級時接受閱讀與數學的測驗。這些是全國教育進步評量測驗（National Assessment of Educational Progress）。專家認為這個測驗是比較值得信賴的學習表現指標，因為它們的「賭注較低」，與其他測驗不同。這麼說好了，學生、老師和學校的美好前程並不會受到這個測驗結果所影響，也因此老師不會有動機想要調整應考人選、只教考試會考的內容，或是竄改考試結果。國家教育統計中心每年都會出版一本年度報告《不同族群間教育成就之狀態與趨勢》，比較亞洲人、白人、拉丁裔以及黑人之間的相對學業成就變化（其中也個別將這些族群再做更細部的分類）。

這份報告中的發現會說話。在參與測驗的十二年級學生之中，白人與拉丁裔的閱讀成就差距，在二〇一三年與一九九二年相比，完全沒有任何改變。（拉丁裔在總分五百分的考試中與白人差了二十二分，而二〇一三年的所有學生平均是兩百八十八分。）而白人與黑人學生之間的學習差距，二〇一三年（三十分）甚至比一九九二年（二十四分）更大。至於數學方面，該份報告則是比較了每一個族群在二〇〇五、二〇〇九與二〇一三年之間的相對表現。結果顯示，白人學生與黑人和拉丁裔同儕之間的學習差距，依然維持不變。[24]

學校對學生在學習成就的相對程度上無法造成任何影響，這個結果應該不會令人感到驚訝才是。至少教育學者柯爾曼，在美國總統強森任內委託進行調查後，出版題為「教育機會的均等」的《柯爾曼報告書》之後，大家都已經知道，學校的教學成果，有很大一部分取決於來就讀的學生：學生的學習表現與其父母的社會、經濟及教育成就息息相關。[25]所謂的「好學校」通常收到的都是那些比較聰明、好奇心較強，也更懂得自我克制的學生。這些特質都是成功的要素，而且基本上都是透過家人之間耳濡目染，各方面都較為成功的父母親，他們的孩子通常也比較容易擁有較高的學業成就。

因此，改善孩子的受教機會並不代表就能在學習品質上達到更好的成果。就如同政治學家班費爾德（Edward Banfield）在上個世代就曾提過：「所有教育系統都偏好中產階級或上流階級的孩子，因為身為中產或上流階級的孩子也就表示，你所擁有的特質能讓你成為可教之才。」改善學校的品質是可以提升整體的教育成果，但是這麼做，通常只會更加深而非消弭孩子之間的學習成就差距，特別是家庭人力資本程度不同的孩子們。[26]

這樣的結果可能會導出一個結論，認為教育不可能消弭成就差距，而原因並非學校可以控制的；然而，我們對學校進行的評量卻持續不衰。這或許是因為，如同班費爾德所說，對絕大多數受過教育的美國人來說，某些問題無法獲得解決是在道德上無法接受的事。[27]每當談到學習成就的差距，雖然「成果」缺乏明確的進展，但持續在評量上投入「資源」一事，某種程度就成了「道德感強烈」的標誌。

試圖拉近成就差距所需付出的代價

英語和數學成就測驗的分數，無法衡量十二年國教所帶來的好處，這不是因為全國教育進步評量測驗的分數遭到扭曲或是不夠重要。這些分數確實在學生對這些考試科目的理解程度上提供了有用的評量，但學校要教的不只是英語、數學和其他科目，還要激發學生對這個世界產生興趣，並且養成各種習性和能力（自我控制、堅持不懈、與他人合作的能力），這些都能夠提高學生在成人世界中獲得成功的機會。這些非知識性的個人特質同樣也會在學校中慢慢被培養出來，但不會反映在以考試成績做為績效表現的指標之中。[28]

事實上，我們愈來愈重視對學生進行英語與數學測驗，甚至從幼稚園就開始，很可能會讓學生犧牲那些不屬於學術範疇的活動，像是充滿創造性的表演與藝術活動。它們也對個人發展有很大的幫助，卻很難被評量出來。[29]此外，雖然讓學生接受優秀的老師指導可能會讓他們在學習上有更好的收穫，這些收穫卻比較容易隨著時間慢慢消逝。反觀那些從非知識性活動中學到的東西，對一個人的影響其實更為長久。[30]人格發展很重要，所以一些立法人士也試著將「人格評量」加入公信力系統之中！[31]

試著利用評量指標，將學校變成「消弭成就差距的機構」所要付出的代價，並非只有金錢。眾人忽視了學校需要教導學生歷史、公民等課程的重要任務，只想著集中心力改善學生的閱讀與數學成績（特別是學習表現不佳的學生族群）。這或許在表現不佳的學生族群身上，是很有效的教育策略（像是增加上學的天數，並縮短暑假的天數），然而延伸其他學生身上卻會造成反效果。同時教育資源也轉移了，不再投入到讓那些更有天分、才華的學生擁有更好的學習環境，然而，這些學生很可能才是掌握國家經濟表現的關鍵人物。[32]

強調要對成就差距進行評量，以及要求消弭這個差距的壓力，還會造成其他更麻煩的影響。其中一個就是，老師和學校會因為無法完成這個超過他們能力的任務，而必須面對嚴重的譴責，但是他們之所以無法做到，大部分的問題都不在他們身上。

「沒有孩子落於人後」、「邁向巔峰」和其他類似計畫的邏輯，都是將「消弭成就差距」的責任放在那些既沒有權力，也沒有能力這麼做的人身上。這些計畫本身就是造成老師們道德淪喪的原因。再加上老師還得面對進退兩難的困境：是要追求教育的多重目標，還是要教導孩子如何應付考試？是要完成自己的職業使命，還是要遵從狹隘的標準，好讓自己有薪水可領？無論他們選擇的是哪一條路都注定會失敗。此外，許多老師將這種由考試與評量公信力文化所創造出來的制度，視為對他們自主權的剝奪，讓他們失去了用自己的判斷力和創意來設計課程和教學的能力。結果就是造成一波經驗豐富老師的退休潮，同時，那些較有創造力的學生也不再進入公立學校，轉而投入私立學校的懷抱，因為私校不會受到評量公信力制度的箝制。[33]

因此，那些沾沾自喜、堅持要以學習表現評量結果來給予獎勵，並認為這麼做才能夠消弭成就差距的人，他們所付出的代價是犧牲了那些真正想要好好教育孩子的老師。並非所有可以被評量的東西都可以獲得改善——至少，不是靠評量來改善。

9 醫療領域

沒有任何領域比醫療領域更流行指標。或許，也沒有任何領域的指標像醫療領域這般前景看好，但是賭注卻很高。

然而，在這個領域中，指標同樣也扮演了多重角色——有些真的非常有用，有些卻看不太出來有什麼價值。

指標扮演的其中一個角色是提供資訊和診斷功能：詳細記錄下醫療過程中的各種方法和程序，接著比較各種診療方法的結果如何，於是醫療人員得以從中判斷哪一種方法較為成功，而之後其他人就可以遵循這些成功的方法和程序來處理。

指標另外還扮演了公開醫療資訊的角色，這麼做是為了向顧客提供透明化的訊息，同時也讓各家醫院在醫療服務方面，擁有比較和競爭的基礎。

不過，指標也扮演了按質計酬的角色，而支撐按質計酬背後的力量，就是金錢上的獎懲。支持在醫療界使用這項指標的人，經常會將以上這幾個角色混為一談。

近二十年來在醫療界大力推動指標的原因，不只是要讓醫療更安全也更有效，同時也是希望能控制開銷。

財務狀況迫使控制開銷

促使大家採用指標來控制開銷的力量來自各個不同方面，同時也有各種不同的動機。多年來，醫療支出成長的速度已經超過了國家收入，而且可以預見這樣的增長在接下來十年中還會繼續：二〇一四年，醫療事業的支出占了全美經濟的百分之十七點五，預計在二〇二五年將達到百分之二十點一。之所以會如此，理由非常充分，因為「保健支出」是經濟學家所謂的「奢侈商品」，也就是當人民愈富有，他們花費在醫療保健上的錢就會愈多。再來就是，隨著嬰兒潮世代逐漸邁入老年，有相當大比例的人口進入了「醫療支出最高」的人生階段，再加上愈來愈多特殊藥物變得比過去容易取得，而藥價也快速飛漲。施行「平價醫療法」（Affordable Care Act）就表示，美國醫療保健方面的支出將會有更高比例要由政府來負擔，也就是聯邦政府、州政府以及地方政府必須共同分攤預計在二〇二五年增長到百分之四十七的健保費用支出。[1]

健保日益增加的支出，也致使私人保險業者與政府健保部門﹝包括英國的國家健保局，以及美國的聯邦醫療保險（Medicare，亦稱紅藍卡）、Medicaid（醫療補助，亦稱白卡）和美國退伍軍人事務部﹞將降低健保補助款，並把改善醫療品質的壓力施加在醫師與醫院身上。

就在降低醫療支出的壓力與日俱增之際，電子病歷這項新科技讓醫療數據的收集取得更加即時，讓人想善加利用這些數據來確認問題所在。此舉令公開醫療資訊和按質計酬的普及度大幅增加，兩者都受到熱烈的歡迎，被視為是拯救美國與其他國家健保系統沉痾的藥方。健保系統的問題確實不小：支付保費的第三方（無論是私人保險公司或聯邦醫療保險等政府機構），都需要可以信賴的證據，來了解醫師和醫院所提供的服務不僅對病人有效，也符合支出的效益。但這種受到大家推廣的解決方案，有時候卻跟它原本應該要解決的問題一樣糟糕。

美國醫療系統的各項排名

在我們檢視這個據說有效的解決方案之前，可以先來看看那些最能夠突顯美國醫療保健系統特性的幾個績效指標，這些指標經常被拿來當作證據，顯示我們需要導入更多公信力與按質計酬的做法。世界衛生組織的《二〇〇〇年世界衛生報告》指出，美國醫療系統排名全世界第三十七，報告中也如此陳述：「我們實在很難忽視這一點……美國的人均醫療支出是全世界第一，但嬰兒死亡率卻排名全世界第三十九、成年女性死亡率排名第四十三、成年男性死亡率排名第四十二，而平均壽命則是第三十六。」[2]身為內科醫師與醫療保健分析家的艾特拉斯（Scott W. Atlas）仔細審閱了這份報告，並從美國的醫療現狀來解析，結果證實這份報告造成了極大的誤導。

我們絕大多數人都假設世衛組織的排名，是從與健康的各種層面來做為評估的標準，但真正與健康相關的成果只占了排名計分的百分之二十五。排名計分有一半的分數來自於所謂的平等性：百分之二十五是「健康分佈」，而另外百分之二十五是「財務公平性」。這裡的「公平性」指的是，讓每一個人的健保支出都占其收入的相同比例，也就是指你愈有錢就得付愈多費用的健保系統。這樣的制度只是個理想狀態，但是附上了一個數字（第三十七名），看起來就變得客觀又可信。[3]事實上這樣的整體績效排名是騙人的。

那麼死亡人數和平均壽命又該怎麼說呢？結果發現，影響這些數據的因素有很大一部分是來自於與醫療體系無關之處，像是與文化和生活型態等等。肥胖是造成慢性病與糖尿病的因子，像是第二型糖尿病及心臟病，同時平均來說，美國人比其他國家的人肥胖（儘管有些國家正在迎頭趕上）。吸菸，同樣也與罹患心臟病、癌症及其他疾病有極大的關係，甚至在戒菸數十年之後還是有影響，從國際標準來看，連續好幾個世代的美國人都是重度癮君子，自一九八〇年代開始即是如此。[4]

美國人死於槍擊的比例也高得離譜，這是另外一個令人難過的影響因子，但與醫療系統幾乎沒有任何關係。此外，美國是個人種多元的國家，有些種族（像是非裔美國人）的嬰兒死亡率比正常高出許多，這也反映出社會、文化，甚至不排除基因方面的因素。[5]簡而言之，美國在健康方面的許多問題並非來自醫療系統的運作，而是各種醫療系統之外的社會與文化因素。艾特拉斯表示，從疾病的診斷和治療的角度來說，美國醫療算得上是全世界最好的之一。[6]

就跟教育和公共安全領域一樣，醫療領域也有許多造成系統相對成功或失敗的重要因素，其實並不在眾人試著想要進行評量的地方。足夠的運動、吃得健康、不讓危險的人接觸到槍枝、節制吸菸、避免飲酒過度、避免吸食毒品，以及避免進行危險性愛——這些都是我們能否健康與長壽的主要因素。醫師和公共健康官員應該試著去扭轉這些因素，他們也的確試了，但這些生活方式他們是無法掌控的。我們在評估美國醫療系統是否真如外界所說的那麼失敗時，一定要謹記這一點。不過，我們雖然該對世衛組織報告中的危言聳聽持保留態度，但報告中沒有說錯的是，醫療保健在美國非常昂貴，而且絕對有改善的空間。

將指標當解藥

或許在美國最受歡迎的醫療政策趨勢就是推廣績效指標、公信力，以及透明度。績效評量理論應該是要讓執業人員更容易獲得臨床知識，並且能夠追蹤他們的實際操作結果，讓保險業者能夠根據結果的成功與失敗進行獎懲，並且透過排名和報告卡，創造出透明的環境，讓病人能夠在擁有足夠資訊的情況下挑選醫療機構。

知名的哈佛商學院教授麥可・波特（Michael E. Porter）也是其中一大推手，他的「價值任務」（value agenda）也包含了在醫療領域應用管理指標。波特宣稱：

> 想在任何一個領域進行快速的改革，就必須要評量結果，這是管理中為人熟知的原則。長期追蹤工作進度，並比較所屬機構之內及之外的同儕表現，如此一來，團隊便會有所改善，並交出優異的成果。確實，對「價值」（結果和花費）進行嚴格的評量，可能是改革醫療系統唯一，也最重要的步驟。無論我們在哪個國家看到關於醫療保健的系統化評量結果，這些結果都有進步。[7]

波特堅信醫療機構必須公開報告結果，他認為這麼做能夠提供強大的動機來改善績效表現，這麼說是很有道理——就理論上來說。

三則成功的故事

波特特別點名了克里夫蘭醫學中心，將之視為他建議方案的先鋒。這所醫療中心每年公佈十四本「成果報告書」，記載該中心在治療數量繁多的各種疾病上的績效表現。只要稍微翻看一下這些文件（公佈在網路上），就能發現他們在每一個類別中都有極高的成功率。而克里夫蘭醫療中心也吸引了全世界各地的病人前往求診。

另一個關於醫療指標潛在好處的例子不但極具說服力，同時也受到麥可．波特的大力宣傳，那就是蓋辛格醫療衛生系統（Geisinger Health System）。這是一個由醫師主導的非營利整合系統，服務美國賓州約兩百六十萬人，其中有許多都是住在鄉下的窮困人家。蓋辛格是美國先進醫療保健系統的模範樣板[8]，它是全美首先採用電子病歷的機構，從一九九五年開始投資超過一億美金在電子病歷系統上，醫師們因此希望自己的病人能在網路上開設帳號。這個系統能即時傳送資訊給系統中所有提供醫療服務的人員，也可以監測各單位的表現，包括醫師個人在內。

這個系統也使用了高風險病人的個案管理功能，讓護理師能夠教育病人有關他們自身的健康狀況，並預約追蹤檢查的時間。在美國醫療保健體系中費用最高也最常見的兩種疾病，就是糖尿病和心臟病。在蓋辛格的系統中，罹患這兩種疾病的病人，是交給一個由醫師、醫師助理、藥劑師、營養師等其他專業人員所組成的團隊來進行診療。不像其他機構將診療工作外包給不同的單位，這些外包單位彼此之間的契約項目可能很有限，蓋辛格採用的是一種功能更加完整的方式。醫師的薪酬中有大約百分之二十與是否達成降低開銷、提升照護品質及病人滿意度這些目標有關，而另外百分之八十則是按量計酬。透過這一整套創新的規劃，蓋辛格成功降低了開銷，也改善了病人的健康狀況。

還有另一個將指標應用在醫療領域中，且毫無疑問更為成功的故事，就是以績效評量的方式來降低在醫院中因插入「中央靜脈導管」所引起的感染。中央靜脈管是一種有彈性的導管，經由喉嚨或胸部插入較大血管之中，用以注入藥物、營養品和液體。中央靜脈導管是現代醫院醫療中最常見的措施之一，然而直到最近為止，也是最常造成併發症的措施。這是因為導管本身提供感染的途徑，在最糟糕的情況下會致人於死，就算是最好的情況，治療併發症的花費也非常高昂。據二〇一一年的估計，美國有八萬兩千件的血液感染與中央靜脈導管有關。每件感染的治療費用從一萬兩千美元到五萬六千美元不等，有將近三萬兩千人因此而死亡。[9]

從那之後，醫院中遭到感染的機率出現了戲劇性的驟減，而這有一大部分都要歸功於在巴爾的摩霍普金斯大學醫院工作的重症照護專家，彼得．普諾沃斯特（Peter J. Pronovost）。他與同事進行一個計畫，利用一張列出內含五個簡單標準步驟的清單，只要確實照表執行，就能夠降低中央靜脈導管引發感染的機率。普諾沃斯特先在霍普金斯大學醫院實施這個計畫，隨後又在密西根州的醫院系統中指導院方施行這個「密西根加護病房基石計畫」（Michigan Keystone ICU Project）。此後，類似的計畫就開始在全美各地實施，英國與西班牙也同步採納。計畫的成果十分驚人，血液循環的感染降低了百分之六十六，不但拯救了數千人的性命，也節省了數百萬美金的費用。

這個基石計畫會每個月收集感染率的數據，而加護病房的主管及醫院高層都會收到相關報告，醫療團隊會一起討論數據結果，試著從錯誤中學習。這就是診斷型指標的一個案例。這個指標提供了執業人士（醫師）或機構（醫院）可以參考使用的數據，也能在醫師與醫院之間分享，大家共同找出哪種方式行得通，哪種不行，並使用這些資訊來改善績效表現。

基石計畫除了密集使用診斷型指標之外，也稍微運用了因同儕壓力而產生的心理動機。普諾沃斯特自己也將計畫的成功，歸功於是在醫療圈中進行，因為所有執業人員都懷抱著共同的專業目標，並將中央靜脈導管的感染視為可以解決的社會問題。看到自家醫院的感染率與其他醫院做比較，這也製造出同儕壓力，讓醫師想要跟上或超越其他醫療機構的成功率。

我們應該從這些成功案例中得出什麼樣的結論？

克里夫蘭醫療中心、蓋辛格和基石計畫常被拿來當作是績效評量有效的證明，理由也的確很充分。但是當我們更深入挖掘就會發現，這些指標之所以有意義，關鍵正在於它們是如何運用於一個龐大的機構文化中。

克里夫蘭醫療中心的成功真的是因為它每年公開發佈成果報告嗎？還是因為醫療中心發現這些成果相當令人驚艷，所以才將之公諸於世？事實上，克里夫蘭早在績效指標大舉攻占之前，就已經是全世界一流的醫療機構了，在指標橫流的時代也依然維持著地位不墜。不過，如果只是因為這樣，我們就驟下結論認為醫療中心的品質與其公開發佈成果報告之間有因果關係，這就是落入了「後此而因此*」的誤謬之中。克里夫蘭醫療中心之所以會成功，有很大部分跟現場狀況有關，也就是克里夫蘭醫療中心的機構文化「如何使用」這些指標，而非這些指標本身的緣故。[10]

蓋辛格採用的指標之所以有效，也是因為指標導入系統時所採用的方法有效之故。非常關鍵的一點是，要由一個同時包含醫師和行政主管的團隊來共同建立評量制度與績效評鑑。如此一來，績效指標就不會是由行政主管從上層強制執行，也不會是行政主管自顧自地進行評鑑，將第一線人員的專業知識排除在外。績效指標需要的是團隊合作和同儕審查。蓋辛格同樣也把指標用於改善各種不同狀況下，對門診病人的照護方式。以執行長身分帶領蓋辛格轉型成功的醫師史蒂爾（Gleen D. Steele），對蓋辛格之所以成功，發表了這樣的看法：「我們所採取的新照護路線之所以有效，是因為由醫師主導，再加上即時的數據資料回饋，還有我們主要的心

* 譯註："post hoc ergo propter hoc"為拉丁文，指的是以事情發生的時間先後順序來推斷彼此因果關係的一種邏輯誤謬；也就是說，一件事發生在另一件事之後，並不代表前面發生的事就是後面那件事發生的原因。

力都集中在改善病人照護的品質上。」這麼做「能夠打從心底驅使醫師改變他們的行事方式」。

另外一個關鍵點是，事實上，「是由真正在第一線工作的人自己決定要改變哪些照護程序。讓他們直接參與決策，能夠確保他們是真心接受這個決定，這麼一來成功的機會就更大了。」我們能從蓋辛格案例中學到的是，讓提供服務的人來建置並監督績效評量的方式，這是非常重要的一點。讓評量與他們自身對專業的使命感維持一致，也是一大關鍵。

帶領眾人降低中央靜脈導管感染的普諾渥斯特相信，「加護病房基石計畫呈現出，透過由同儕標準與自身專業所形成的內在動機，可以激發出潛在的自發性力量」。他並不反對以「公開發表成果報告」和「提供金錢誘因」來促進這種感染力。他自己的解讀是，醫療成果的改善主要是得「改變醫療人員的想法，使用能夠打動他們身為醫護人員專業魂的方式，讓他們看見感染並非無法避免，而且是可以控制的」。

然而，美國政府的醫療照護保險與醫療補助中心做出的結論是，先公開二〇一一年的感染率，並在一年後用不發放健保補助金的方式，來懲罰那些感染率較高的醫院。這樣所製造出來的動機，與我們到目前為止討論過的成功案例機構相當不同，因為這些機構仰賴的是內在動機而非外在動機。

全局樣貌：指標、按質計酬、排名和計分卡

如果我們深入挖掘績效表現在醫療領域的紀錄，會發現克里夫蘭醫療中心、蓋辛格系統和基石計畫的優良成果，看起來像是例外而非常態。

絕大多數撰寫醫療指標相關文章的專業人士，都在績效評量的有效性一事上，有著既得利益。這些人的工作有很大一部分是立基於收集與分析數據資料的有效性，因此如果連他們的研究都指出，公佈公信力指標的做法「缺乏有效性」或「效果非常有限」的話，我們就不該忽略這個事實。醫療期刊與學術論文充斥著這些研究，他們通常會在做結論時要求該有更多的數據、更多的研究，以及更多經過細修的指標，而不是大膽地直接宣告指標已證明無效。[11]但寫出這些指標失效研究文章的人，都不是厭惡績效表現的人，這一點反倒讓他們的存在更顯重要。[12]

公信力與透明度之所以有爭議，原因在於其存在的前提是要公開釋出「是否達成指標」的報告，而這種做法會影響病人、專業人士與醫療機構。病人會以顧客自居，比較醫療照護的費用和相對的成功率。醫生會建議病人去找績效分數高的專業人士。保險業者則會跑去找那些能夠以低廉價格提供優質醫療照護的醫院和服務機構。醫生和醫院將承受必須提高自己分數的壓力，以免名譽和收入受到影響。[13]

為了測試這個理論在現實中是否可以成立，荷蘭瑞德堡大學奈梅亨醫療中心（Radboud University Nijmegen Medical Center）的醫療照護品質科學院有一群專家，他們檢視了現有的證據，想看看如果很容易從各種管道取得醫療研究的相關資料，會如何影響提供醫療服務的人與病人／顧客的行為，以及病人就醫後的結果。他們將前後對照的研究也納入其中，比較在採納了公開醫療指標之前與之後，在各種情況下的行為，例如心臟病發時所採取的行為。這群荷蘭專家發現，有時候，醫院確實在一開始的過程中有所改善。但是，與公信力支持者的預測相反，對於病人就醫的結果卻沒有持續性的影響。

這很可能是醫學研究與臨床診療之間的關係所產生的結果。進行醫學研究時所採用的病人樣本，基本上與醫生和醫院診治的並非同一群人。看似合理的介入治療（像是控制血糖來預防糖尿病），其所挑選的實驗樣本是相對較小的族群，而為了要突顯出介入治療的有效性，這樣的研究會刻意排除患有多重疾病的人。但是在真實世界中，病人通常都有多重疾病（合併症），所以實驗時的介入效果通常都無法發揮作用。這或許可以解釋，為什麼只是一味遵循建議的步驟來處理事情，不一定能夠獲得更好的結果。[14]

荷蘭的專家們也發現，公開發表指標成效同樣無法影響病人在挑選醫療服務機構或醫院時的行為。他們的結論是：「就現有的少數證據來看，並沒有一致性的證據可以證明，公開發表績效數據能改變顧客的行為，或改善醫療的結果。」[15]

另一個很常用的指標就是按質計酬方案（pay-for-performance；P4P）。這裡的動機架構非常明確：醫師所收到的薪酬中，會有很大一部分來自於達成某些評量目標，比方像是遵循建議的步驟、減少支出，或是改善醫療結果。

英國國家健保局（NHS）也從一九九〇年代開始採納P4P，做為是否發放補助金給主治醫師的關鍵，這一點也在英國首相布萊爾執政時期被擴展到更廣的層面。在美國，愈來愈多私人健康保險公司與雇主採納P4P方案，州政府也是如此。在二〇一〇年的《平價醫療法》中，P4P條款是醫師能從聯邦醫療保險中領到多少薪酬的重要因素。[16]主管聯邦醫療保險的行政官員的做法是，獎勵各種經過評量的結果，其中包括了手術結果，並以此做為術後三十天內存活率的評量機制。

公開醫師與醫院的排名，也是另一個經常被拿來使用的醫療指標，會以所謂「計分卡」的形式呈現。率先公開這類資訊的是紐約州，英國衛生部則是從二〇〇一年開始公佈公共醫療保健機構的年度「星級排名」，英國最近也成為第一個公佈九個專業外科領域的醫師「成果數據」的國家。二〇一五年，美國新聞報導機構ProPublica則是公佈了全美一萬七千多名外科醫師的手術併發症發生率。[17]非營利機構「聯合委員會」（Joint Commission）也會公佈按照醫療鑑定結果所製作的計分卡與排名，一些營利的民間媒體也會自行製作排名，像是Healthgrades或「美國世界新聞與報導」等網站。

這些機構團體之所以這麼做，背後的想法就是認為醫生和醫院會為了改善自身在安全與成效上的名聲，而要求自己拿出更好的表現，並進一步吸引潛在的患者（顧客），增加市場的占有率。對醫院來說，這些排名對地位和「品牌管理」的影響非常重大。[18]

現在在美國、英國及世界各地，都有非常多社會科學論文在探討按質計酬與公開績效指標的有效性。令人震驚的是，通常這些在經濟理論中顯然非常有效的技巧，全都對醫療結果沒有任何明顯可見的影響。[19]

舉例來說，最近《美國內科醫學年鑑》（Annals of Internal Medicine）上的一篇研究就調查了聯邦醫療保險的病人，自二〇〇九年醫院公佈死亡率以來的這些年之中，究竟命運如何。根據作者所說：「我們發現，公開發佈死亡率對病人的醫療結果沒有任何影響。我們調查了所有次群組，甚至檢驗了那些被標示為『表現糟糕』的機構，看他們是否因此改善得更快，但是並沒有。事實上，如果你對這些數據很有信心，你做出的結論就會是，公開發佈指標成效會減緩對病人醫療結果改善的速度。」[20]此外，彷彿問題還不夠多似的，像 ProPublica 的外科手術分數卡這一類的排名，往往是以專家認為曖昧不明的標準為基礎所做出來的。這樣的排名要不是真的非常有幫助，就是會造成嚴重誤導。[21]

近期還有另外一篇報告也做出了相同的結論。這篇來自蘭德智庫公司（Rand Corporation）的報告提到，許多按質計酬的研究，檢驗的是過程與中期結果，而非最終結果，也就是病人最後是否順利康復。報告是這麼說的：「整體來說，研究設計的方法論愈強，就愈難以找出明顯與按質計酬方案相關的改善方式。而且能夠確認的影響也相對很小。」[22]

這樣的發現也不是新鮮事了。在一九九〇年代，研究公家單位按質計酬方案的社會學家所做出的結論就是：這些方法沒有效。然而，這樣的方案還是持續受到推銷，可以說是「願望」大勝「實際經驗」，或者也可以說是那些四處兜售老掉牙萬靈丹的企業顧問的勝利。[23]

就算公開排名或按質計酬的指標確實對結果產生影響，通常多是無心插柳，而且往往適得其反。無論造成的影響是好是壞，通常都會帶來龐大的開銷，但那些支持採用按質計酬或透明度指標的人，很少會考慮到這一點。

「按質計酬」與「公開排名」一個本質上的問題，就是目標轉移。一份英國的報告指出，按質計酬方案「只獎勵那些可以被評量與可以找出原因的項目，而這樣的限制很可能會使全面性的照護減少，同時製造出不恰當的目標，讓醫生只專注在那些可以被評量、但不重要的事項上」。英國的按質計酬方案，導致那些健康狀況不在方案範疇內的患者的照護品質下降。簡而言之，它造成了醫生「只按照評量項目來進行治療」。許多病人所需的治療，按質計酬也無法提供可靠的評量標準，例如那些患有多重慢性病的虛弱老人家。[24]

醫師成績卡所製造的問題和解決的問題一樣多，風險規避就是其中一個現象。非常多的研究都顯示，在導入公開發佈指標成效的做法之後，心臟外科醫師變得愈來愈不願意為重症病人進行手術。例如在紐約州，外科醫生的成績卡上需要登記醫師在執行冠狀動脈繞道手術後，病人的死亡率有多少，也就是手術後三十天內存活的病人比例是多少。在制定了指標後，死亡率的確有下降——看起來是正向的發展。但是，指標中包含的只有那些接受手術的病人，而那些因為病況嚴重、被外科醫師拒絕進行手術的病人，並不會被納入指標之中。

這些病情較重的病人，會有部分被轉介到克里夫蘭醫療中心去，因此他們動完手術後的結果如何，就不會出現在紐約州的指標成效上。而在這樣的「病人選擇性偏差」（也就是美化數據）之下，造成的結果就是醫師不願意為某些病情嚴重的病人進行手術。這樣也難以斷言紐約州的術後結果之所以改善，是公開指標數據所帶來的成效。同樣的改善狀況也出現在紐約隔壁的麻薩諸塞州，然而麻州並沒有施行公開指標數據的方針。[25]

規避風險現象代表著，有一些可以藉由動高風險手術而活下來的病人，找不到願意動手術的醫生。有時，也會出現剛好相反的問題，那就是為了達成目標的指標，醫療人員提供了過度的照護。那些手術不成功的病人，可能會在手術後所規定的三十天內，被醫院強行維持住生命跡象，以求改善死亡率數據，然而這種延長生命的方式既昂貴又不人道。[26]

不可否認的是，公開外科醫師與醫院的死亡率指標數據，還是有一些實質的好處，像是可以讓大家看出表現很差的執業外科醫師，這些人或許之後就會停止執業。在一個從業人員不太願意剔除無能同僚的專業領域中，這種方法是非常有價值的篩選機制。另外，表現較差的醫院也可以想辦法改善自己的評量表現。但是在這麼多的績效指標之下，看起來整體仍是一逕地傾向採收那些位在較低樹枝上的果實，然後希望以後還能夠持續豐收。意思也就是說，揪出表現不好的人的短期經濟效益很高[27]，但是當表現不好的人都被淘汰了，這些指標卻繼續從其他人身上採收結果。一旦超過某個臨界點，這個方法的邊際成本就會超過邊際效益了。

醫療指標愈來愈多造成的成本有多高、作業上有多麻煩，這一點在近期的美國國家醫學院（Institute of Medicine）報告中已經有明確的證據。[28]各大主要的醫療中心，為了向政府官員及保險業者上報品質評鑑結果所需的支出，合計共占淨收入的百分之一。與評鑑相關的行政及活動支出，據估計是每年一千九百億美金，更別提業者在將資料輸入政府的病人品質報告系統時，還有許多無法計算的支出。大型醫療院所一定得花錢請外部的公司幫忙輸入資料，但小型醫院有時候就只好留給醫生自己處理了。除了收集、輸入和處理有如海嘯般龐大的資訊之外，還有其他難以計算的機會成本，比方說醫生與其他醫療人員把原本可以用來做其他事情的時間，都拿來處理評鑑的相關事務。此外，投入其中的時間有很大一部分都沒有被計算到，也沒有獲得相應的補償，我們在討論醫療成本時，通常都不會考量到這一點。[29]國家醫學院的研究報告是這麼說的：「諷刺的是，大眾對於各種評鑑指標所感到的興趣、支持和接受度全都快速成長，包括績效評鑑和改善、對大眾及投資人公開發佈績效數據，以及進行內部改革等等——卻反而讓這些努力的效果難以發揮。」

唐諾．貝維克（Donald M. Berwick）是大力支持透過評鑑來進行改革的領導人物，二〇一〇至二〇一一年之間，他曾在聯邦醫療保險及醫療補助行政中心服務。如今，向上呈報資料所需的程序已變得既沉重又冗長，於是貝維克博士最近如此聲明：「我們需要停止過度的評鑑……我的看法是應該要將目前所使用的指標減少百分之五十。」[30]

除此之外，將醫療視為以賺錢為主要目的的企業，還得付出額外的心理成本。貝維克在他的文章〈按質計酬的毒性〉中對此做出了相當精妙的描述：

「按質計酬」降低了內部動機。許多工作，特別是醫療照護工作，具有為人帶來內心滿足感的能力。為人舒緩痛苦、解答問題、嫻熟運用雙手、傾聽他人難以輕易對外人啟齒之事、在專業團隊中工作、解決疑難狀況，並扮演受到信任的權威人士——這些都是在每天的工作中讓人感到欣然之事。從工作中所獲得的自尊與喜悅，是讓醫療照護專業人員產出「績效」的諸多動機之一。在各種充滿敵意的討論中，大家盡是爭論著申請加班費、工作費和補助金花掉了太多醫療照護人員與醫院主事者的時間，很容易就忽略，甚至是懷疑，非財務性質與內在的心理獎勵，對醫療工作來說是非常重要的一點。不幸的是，一旦忽略工作中帶來內在滿足的因子，稍有不慎就會使這些因子的力量大為消減。[31]

貝維克是在二十多年前寫下這篇文章的，看起來似乎沒有發揮任何作用，按質計酬的浪潮依然持續高漲。

測試案例：降低再住院率

在醫療照護中最受到推崇的指標之一，應該就屬「聯邦醫療保險」對於醫療院所，在病人出院三十天內無預警又再次入院的機率，這個指標也同時呈現出醫療指標的好處及問題所在。由於患者住院的成本高昂，所以採納此指標的動機就是要降低成本，同時，再次住院也被認為是對病人照護不佳的結果，因此降低住院人數便成了改善醫療照護的一種指標。二〇〇九年，聯邦醫療保險開始公佈一項資訊透明化的指標，即所有處理急性病症的醫院的「再住院率」。三十天內的再住院率指標涵蓋了罹患幾種主要病症、接受治療的病人（心臟病發、心臟衰竭、肺癌、慢性阻塞性肺病、冠狀動脈繞道），以及兩種常見的手術：髖關節或膝蓋置換手術。（這些指標數據公佈在聯邦醫療保險的 Hospital Compare 網站上。）

接著在二〇一二年，聯邦醫療保險又公佈了按質計酬的指標績效，對醫院施行較一般比例更高的財務罰則。[32]公佈按質計酬的指標績效，並對表現不佳的醫院施以金錢上的罰責，都是為了刺激醫院想辦法控制再住院率，這麼做也可以降低成本。於是醫院開始採取額外的方法，努力確保出院的病人不會再回來，包括找更好的醫療照護機構一起合作，同時確保病人能夠取得處方籤中的藥品。向表現不佳的醫院徵收罰款的做法，也是希望促使醫院提供病患更好的照護。

自公佈績效指標之後，醫院的再住院率確實下降了，但是這份成功之中究竟有多少是真實的？

醫院上報的再住院率之所以下降，有一部分是因為他們做了手腳來矇騙系統：醫院不會正式登記再回來住院的病人，而是將他們放在「觀察名單」中，所以這些病人可以在醫院住上一小段時間（最多幾天），收取的則是門診病人的費用，而非住院病人的費用。另外一種做法是，將這些再回來住院的病人收治在急診室中。在二〇〇六到二〇一三年間，這類被歸在觀察名單的病人在聯邦醫療保險中增加了百分之九十六。這就代表再住院率之所以下降，有一半實際上是因為醫院把這些再回來住院的病人當成門診病人。（不過讓事情變得更複雜的是，之後有份分析報告顯示，那些再住院率下降的醫院，並非是觀察名單病人人數增加的醫院。）再住院率的指標有了改善，但病人所接受的照護品質並不一定如此。

當然並不是所有醫院都會動手腳，有些醫院的確對醫療程序展開檢驗並加以精進，也為了要降低再住院率，而讓病人的治療成果有所改善，同時還降低了聯邦醫療保險的支出。但有些醫院只增進了判斷將病人歸在哪一個類別，才能增進績效表現的數據操弄能力而已。[33]

此外還有一些其他的負面後果。二〇一五年，約四分之三上報再住院率的醫院受到聯邦醫療保險罰款的懲處。其中主要的幾家教學醫院，由於比其他醫院更容易收到重症與病況較難處理的病人，所受到的影響高得不成比例。[34]位在貧困地區的醫院也是如此，因為這裡的病人在第一次出院後，不太可能受到很好的照護（也不太可能會好好照顧自己）。[35]想要順利降低再住院率這個目標，不只是仰賴醫院負起教育病人的責任、提供必須的藥物就可以，還有其他許多醫院無法掌控的因素，例如病人本身的生理與心理健康狀態、所擁有的社會支援，以及病人自己的行為。

這些因素都點出一個醫療指標重複造成的問題：醫院服務的對象來自各種不同的群體，其中有些人特別些容易生病，也比較沒有辦法在出院之後好好照顧自己。按質計酬方案也想了辦法要彌補這個問題，於是採用所謂的「風險評估」。但是「風險評估」就跟採用其他指標一樣容易誤測，也一樣容易操弄。到最後，最有可能受到懲處，反而是服務的病人族群困難度最高的醫院。[36]就如同學校懲罰那些在標準化考試中表現不好的學生一樣，懲處成果較差的醫院，這些績效指標很可能會造成資源分配的不公愈形惡化，這樣就完全失去了指標本該要為公共衛生帶來幫助與好處。

收支平衡表

絕大多數提供醫療保健服務的機構，現在都會使用指標來改善品質，目標從擁有更好的醫療結果，到讓整個機構的營運方式最佳化都有。在機構內部使用績效指標，對於幫助醫院和其他醫療機構在加強安全與增進醫療，是具有極高價值的。但是要讓指標效果發揮最佳效果，應該由醫療系統內部全權掌控各種介入與成果，比方說用來將中央靜脈導管感染機率降到最低的步驟核對清單。當成果必須仰賴範圍更大的因素時（像是病人在醫院之外的行為），指標就很難對醫療系統的成敗有所貢獻。蓋辛格在管理一整個地區人口健康上的成功案例，給了我們希望，但它之所以能成功，是因為診斷性指標在其機構文化中扮演了很重要的角色。蓋辛格所採用的指標都是由執業醫師發展並進行評估，所以能夠符合他們的專業判斷。

使用指標來獎勵績效，無論是金錢或是名譽上的獎勵，問題都很大。有愈來愈多的指標與金錢動機和公開排名有關。它們究竟是增加還是減少了醫療照護系統的成本與好處，目前還沒有答案。

10 警政系統

如同醫療照護系統，警政系統在這數十年間也因為使用評量指標，而產生變化，這麼做的賭注也非常高。因為城市的命運如何，有很大一部分是靠民眾認定其是否安全來決定，而市長能否連任，也端看其控制犯罪率或是使犯罪率下降的能力如何。每當民眾和政治人物一談到公眾安全，就會想到警察是理應要為犯罪率負起責任的人。然而，就像民眾健康與醫療體系之間的關係，或教育與學校系統之間的關係，公眾安全其實只有一部分能靠警察來維持。治安其實也得仰賴司法系統中的其他重要角色來維護，像是檢察官、法官、刑罰制度以及假釋系統。甚至還有很大一部分是取決於，當地居民是否具有鼓勵犯罪行為的傾向，而這就跟更廣泛的經濟、種族與文化因素有關了。[1]

公眾安全也取決於犯罪的容易程度。近幾十年來某些類型的犯罪率之所以降低，全都得歸功於財物所有人自己所採取的防範措施。多年來偷車、竊盜及其他犯罪急速下降，是因為數百萬人自行購買經過改良的汽車警報及家用警報系統，使竊賊更難以得手。此外，在美國，約有一百萬人受雇於私人保全公司。

美國的暴力犯罪自一九九〇年代初期便開始下降，有許多罪行之所以減少，基本上是因為警政系統的改變。其中最主要的改變是增加了指標的使用，特別是「警政管理系統」。這也是個非常好的案例，證明專供內部使用的診斷型指標確實有其效用。但同樣地，為了吹捧政治人物和警察局長的名聲而公佈這些指標數據，就會讓人起心動念想要欺瞞或美化指標，也會把負責人員的工作精力分散到沒有真正效用的地方。

警政管理系統是用於分析與解說犯罪的系統，最早由紐約市警察局在一九九四年所開發。警察局長威廉．布拉頓（William J. Bratton）率先採用了這個警政管理系統，它結合了地理資訊系統（GIS）來追蹤犯罪事件，系統能夠在極短的時間內蒐集、分析並比對犯罪資料，藉此找出犯案模式，若有哪個轄區的犯罪事件數量特別高，就能每周找來轄區高層召開檢討會議。這些資料可用來定位犯罪事件的熱點，並據此來佈置警力。自從紐約開始採用警政管理系統以來，三十年間已有許多其他美國大城市跟著採用經過改版的系統。[2]警政管理系統看起來對於降低通報案件的確有所貢獻，也確實減少了犯罪本身的發生。

然而，已經有愈來愈多城市開始質疑犯罪統計的精確度與可信度。到目前為止看起來，警政管理系統所提的數據富含資訊量和指標性，似乎真有效用。但是當市長向警局高層施壓，要求他們改善整體數據表現時，壓力就會落到轄區警局的小隊長身上。這些小隊長一直以來都相信，自己的事業能否更上一層樓，端看是否能持續降低犯罪率，而底下較低階的警官有時也會聽到長官說，如果通報案件增加，他們就會受罰。這樣的壓力就會造成大家想要美化數據。

這類問題在警政管理系統廣泛使用之前就已經出現，而且獨立存在。一九七六年，社會心理學家坎貝爾就曾提到，美國總統尼克森宣稱會盡全力讓犯罪率降低，「這件事最大的影響就是，造成犯罪率指標腐敗，方法包含將案件隱而不報，或將罪行降級，劃分到比較不嚴重的類別之中」[3]，這些做法至今依舊持續著。最廣為眾人所知公開發佈的犯罪指標就是聯邦調查局的《統一犯罪報告》。根據每座城市所上報的統一犯罪報告，聯邦調查局統整出四項主要的暴力犯罪（謀殺、性侵、重傷害和搶劫），以及四項主要的財物侵犯罪（闖空門、竊盜、汽車偷竊和縱火）的數據資料；比較輕的罪行則不包含這個指數之中。這個指數會在全國各地公佈，也被認為是犯罪率的成績單。當犯罪率下降，當選在位的政治人物就會到處宣傳他們的政績，然而當指數上升，就會被政敵拿來大肆批評。政治人物於是將這些壓力轉嫁到自己選區的警察首長身上，要他們降低犯罪率，而警察首長們又將壓力轉嫁給警政單位中的下屬。

這一切製造出極大的誘因，讓人想要藉由美化數字來展現出犯罪率降低的成效。如同某位芝加哥刑警的說明：

> 這太簡單了。首先，接到案件的警官可以故意把案件分到錯誤的類別中，或是修改報案內容，把它變成較輕的罪。非法侵入可以改成「擅自進入」，破門闖入車庫偷竊可以改成是「損毀他人財物」，至於竊盜則可以改成是「遺失財物」。[4]

在上述的各個狀況中，原本的重罪都變成了輕罪，也就不會反映在聯邦調查局的《統一犯罪報告》中了。由於輕報罪行的誘惑實在太過強大，紐約市警局必須投入大量資源來監審其所收到的報告沒有動過手腳，只要發現有警官的報告有誤，立刻就會給予懲處。[5]但並非所有警局都有足夠的資源來揭發這樣的行為，有些甚至沒有這樣做的意願。

這個問題不只出現在美國。在英國倫敦，直屬於市長轄下的警政與犯罪事務辦公室設定了每年降低犯罪率百分之二十的績效目標。這個命令由上往下傳，貫徹整個警政體系，從警察局長到街頭巡邏的員警都得戮力執行，因為他們的升遷，就全仰賴他們是否能達成這個百分之二十的目標了。二〇一三年，倫敦警察局的一位告密者告訴國會的委員會，調整統計數據已經成為「警察文化中根深蒂固的一部分」了，像是搶劫這樣的重罪會被調降成「偷竊掠奪」，而性侵也經常被低報，如此才能達成降低犯罪率的目標。一位退休的總警司是這麼說的：「當市長轄下的警政與犯罪事務辦公室在設定目標時，他們的要求是要使『受害者的人數』降低百分之二十。但是這個目標傳到高層官員的耳朵裡，就變成了『將有紀錄的犯罪降低百分之二十』。」這種隱而不報或將罪行降級的做法，「在英格蘭和威爾斯地區所有警察單位的各個階層中，都是最普通的常識」，他如此補充。其他專家也出面說明，要讓績效指標更好看的技巧可多了，例如：選擇不相信報案人所說的話、連續發生在同一地區多次的案件，只往上呈報一件，以及將事件調降成較輕的罪行。[6]

還有另外一種比前者更為麻煩的誘惑，它牽涉到警察執勤是否成功的另一個關鍵指標，也就是用來評量警察效率的「逮捕指標」。柏恩斯這位曾任職於巴爾的摩警局謀殺與緝毒組的前刑警（也是《火線重案組》的共同創作人），也曾經描述「統計數據造假」的行為，藉由這樣的做法，警局的高層就可以主導全警局的行動，讓他們看起來正朝向亮眼的成果邁進。

身為緝毒組的刑警，柏恩斯極力希望能緝捕一名大毒梟歸案。但是他的長官對此完全不感興趣，因為這麼做要消耗人力，還要花上好幾年的時間才能夠進行逮捕。長官感興趣的是如何加強指標，既然一天之內逮捕五個販毒的青少年，所產出的統計數據比起花好幾年調查、逮捕一個大毒梟要好，他們當然比較喜歡用快速的方式產出較好看的數據。從他們的角度來看——或從他們要向上報告的那些政治人物的角度來看——只要有人被逮捕，所代表的價值都一樣。然而，這些產出最好績效指標的逮捕行動，對於減少毒品銷售根本沒有太大幫助。[7]當高層對每一個單位都一視同仁時，所有人都只想要挑最容易的案子來辦。[8]在英國，這種將警力資源用在解決最簡單的案件上，以提升辦案效率的做法，被稱為「歪哥」（skewing）。

指標某種程度上，在警政系統中是有用的。但是，試圖將指標用來做為獎賞或懲罰的基礎，很可能會導致指標的可信賴程度下降，甚至造成反效果。

11 軍隊

美國軍隊可能是全世界最龐大也最複雜的組織了。自從越戰的年代以來，美軍就一直試著想將指標運用在其所進行的「反叛亂作戰」之中，最近期的就是伊拉克與阿富汗戰爭。儘管只有一小部分的美軍採用了指標，但反叛亂作戰卻是非常具有教育意義的案例，對我們所探討的主題有更大的延伸性影響。美國軍隊為了追求公信力與透明度而大量採用評量指標，並且不遺餘力地投入其中，這種種做法都遭到軍事教育界及蘭德公司*的研究人員大加撻伐。蘭德公司是專為美國國防部進行各種研究的機構，有些研究人員同時具有軍人與學者的身分，而其他則是一般的學術背景。他們工作最特別的地方，就是他們能夠非常貼近真實的作戰經驗，無論是曾直接參與反叛亂作戰，抑或是能夠與在近期內被派駐外地的軍人接觸。或許正因為

* 譯註：Rand Corporation 是美國一家非營利的智庫公司，成立之初專門為美國國防部提供調查研究與情報分析的服務，目前也為其他國家政府與團體提供相關服務。

如此，他們對於軍隊誤用指標的狀況，表達出了非常坦白且精闢的看法。[1]

美國在越戰的經驗顯示，指標很可能造成誤導，而一味追求指標很可能會帶來看不見的負面後果。至少我們可以確定，蒐集資訊的成本浩大，美國軍人為了國防部長麥納馬拉（詳見第三章）極度重視的死亡人數統計，在戰場上四處搜尋屍體，因而喪失了性命。這些統計數據經常為了要提高軍隊指揮官升遷的機會，而被大量灌水。而這些看似客觀但實際上卻大大謬誤的資訊，造成決策者和政治人物誤將統計上的進步，當成實際狀況的改善。[2]

大衛・基爾庫倫（David Kilcullen）是軍人也是學者，在移居美國之前曾經服役於澳洲軍隊。他在美國軍隊及國務院中，曾擔任過好幾個反叛亂作戰策略專家等重要職位，也曾在阿富汗與伊拉克待過一段時間。他的著作《反叛亂作戰》中有篇發人深省的文章〈評量美軍在阿富汗的進展〉。他言簡意賅地說：「所謂的反叛亂作戰，就是政府為了打敗敵人所採取的所有行動。」[3]反叛亂作戰士兵所面對的環境既複雜又多變，「反叛亂士兵和恐怖分子都必須在兩方對抗時，做出立即的反應，而這一次有用的應變方式，下一次就未必如此了。在某個地區或某段時期有用的見解，換了其他地點或時間可能就派不上用場」。因此，基爾庫倫強調，指標必須因應特定狀況而有所改變，那些從過去在其他地區戰事中所汲取出來的標準化指標，根本沒有用。不僅如此，就算有全世界最棒的評量指標，在使用時也必須仰賴經驗好做出判斷：

如何解讀指標所傳達出的意義非常重要，這需要有經驗的專家來做出判斷。光是計算事件發生的次數，或推導出量化或統計上的分析是不夠的。解譯是種根據對環境的熟悉程度所做出的質性行為，需要有經驗的人員，在該環境中生活夠長的時間，足以察覺到事件發生的趨勢，並將其與之前的狀況相比較，如此才能夠推導出結論。對那些只在該國短暫停留幾天的人來說，根本看不出這些趨勢的端倪。[4]

基爾庫倫也解釋了為何標準指標並不真實，而且應該盡量避免使用，這些指標中也包括了死亡人數，以及「重大事件」的統計數據。「重大事件」代表的是敵方為了對抗反叛亂軍隊所進行的暴力攻擊事件，一般的假設是，這類暴力攻擊事件發生的次數愈少愈好。真實狀況卻不一定如此，基爾庫倫解釋道：「通常在雙方爭戰的區域，發生暴力攻擊事件的次數會很高，而在由政府控管的地區次數就很低。但同樣地，在敵方所控制的區域，暴力攻擊事件的次數也很低，也就是說，暴力攻擊事件的次數低，表示的是有一方全面控制了該區域，但數據並沒有告訴我們是哪一方。」他也對使用「投入指標」（input metrics）提出警告。所謂投入指標就是計算軍隊及其盟軍在做的事情，而這些行為所產生的「結果」卻很可能與行為本身天差地遠：

投入指標是以我們自身所投入的程度做為基礎的一種指標，跟我們投入之後所帶來的影響完全是不同的事情。舉例來說，投入指標中包括了殺死的敵人數量、訓練的友軍數量、學校或醫療診所的數量、鋪設道路的數量等等，不一而足。這些指標告訴我們的是「我們做了哪些事情」，而不是這些事情所帶來的影響。要了解這些事情所帶來的影響，我們需要去看「輸出指標」（比方說，有多少我們協助訓練的友軍在訓練三個月後依然還在線，或是有多少新建的學校或醫療診所在一年之後依然健在）。更好的做法就是，查看我們的結果指標。結果指標能夠追蹤記錄我們對當地人民的安全、保障和健康最真實也最有感的影響。[5]

要想訂定出真正有用的指標，必須要先融入當地的環境才能辦到。以市場的外來（非當地產）蔬菜價格為例，很少外地人會將之視為有用的指標，用以評判當地人認為生活和平舒適與否。不過，基爾庫倫解釋了為什麼外來蔬菜的價格可以是非常有用的指標：

阿富汗是個以農業為主的經濟體，全國各地的作物種類有非常大的差異。在阿富汗農業的自由市場經濟中，風險與成本因素——也就是種植作物的機會成本、在不安全的道路上運送作物的風險、在市場銷售的風險，以及將所賺到的錢運送回家的風險，全都自然而然地被計算進蔬菜與水果的成本之中。因此，整體市場價格的波動，就可以替代一般大家常用的信心與安全感指標。尤其是外來蔬菜，因為種植在外地的蔬菜，要運送到該地銷售必須承擔更大的風險，就是個非常能夠傳達個中訊息的指標。[6]

因此，找出能夠定義成敗的有效指標，需要非常多當地的生活知識，但這些生活知識在其他地方或狀況中就沒有任何用處——這對尋求一致性樣板與公式的人來說非常苦惱。困難之處就在於要知道我們該計算什麼，而且你所計算出來的這些數字在整體事件上，是否真有其意義存在。

另外關於反叛亂作戰的評量，還有些牽涉範圍更廣的課題。蘭德公司分析師班恩·康納博，在近期的一份研究〈擁抱戰爭迷霧〉中如此寫到：「想要發展出一個實際且集中趨勢式的反叛亂作戰模型非常困難（雖然並非完全不可能），因為，透過一個將最重要的當地生活資料移除的集中趨勢化流程，無法真實判讀複雜的反叛亂作戰環境。」因此，「在不同的地方、不同的時間點，資訊就會有非常不同的意義」。問題就出在「既複雜又非中心化的反叛亂作戰行動，與將環境相關因素移除，且集中趨勢化的評量制度並不一致」。[7]

這些問題同樣可以應用在軍隊以外的其他領域：只要我們想在複雜且多變的環境或組織中採用績效指標，這個標準化的績效評量就會是不真實且不正確的。然而，只要是為了想達到所謂的「公信力」而導入績效指標，通常大家都會直接採用標準化的集中趨勢式指標，因為它們是上級長官和不熟悉實務的大眾最容易取得的指標。

此外，蘭德公司近期另外還有一份研究顯示，透過量化評量所呈現的觀察結果通常會被認為是「基於實際經驗所產生」，而透過質性研究*所得到的觀察結果，則被認為較不可信賴，儘管「在實務操作上，用來評量的量化指標並不客觀可靠，它們其實反映出我們對這些受觀察事務的偏見」。[8]

康納博認為反叛亂作戰本身的特點就是「它既是藝術也是科學，藝術成分甚至更多」。[9]這個說法同樣也可以應用在其他複雜情況的管理上。我們應該做的是，將之視為一種純粹、可計量的科學，而這個科學有很大一部分必須以對待藝術的方式來處理，所以需要以經驗為基礎來下判斷。

---

*譯註：為社會學和人文學科常使用的研究方法，指任何不是經由統計或量化手續而產生研究結果。研究方法包括訪談、田野調查、文獻解讀等。

12 商業與財務

按質計酬何時有效，何時無效

你可能會這麼想：「不過，還是有個領域非常適合使用按質計酬這種做法，那就是商業領域。」畢竟商業再怎麼說就是為了要賺錢，而進入這個領域工作的人也是要為自己賺取錢財。所以，商業界的管理高層盡可能將員工的報酬，與他們為公司獲利所做出的可衡量貢獻緊密連結，希望藉此使員工在工作上投入最大的心力。這做法乍聽之下似乎是滿有道理的。

確實在某些情況下，按照可評量的績效來支付酬勞能夠達到目的，像是當這些需要完成的工作重複性高、無需創造力，而且與生產或銷售標準化商品、服務有關。或者這些工作不太需要員工自己做決定、工作不會提供太多內在滿足感、不需要協助、鼓勵或指導其他同仁。還有當工作的績效表現不需靠團隊，幾乎完全是憑個人的一己之力所完成，也適合使用績效評量。

對於銷售工作[1]，或是那些例行性高、需要個人高度專注力，與標準化產品相關且無需負擔更多其他責任的工作來說，按照可評量的績效表現來支付酬勞可能會是很有效用的做法。簡而言之，正如一位社會學家所說：「只有對那些工作本身無法給予內在獎勵的員工來說，外在獎勵才是決定工作是否能帶來滿足感的最重要部分。」[2]這些全都是泰勒主義系統中所指稱的工作任務。但在我們這個時代，隨著機器人科技與人工智慧的長足進步，這類的工作已經寥寥可數了。[3]

最明顯的事實是，絕大多數私人公司行號的工作並不符合這類工作的描述，兩者差異相距甚遠，因此直接按照評量績效來支付酬勞就不恰當，而且還可能會有反效果。

人們確實希望能因為自己的表現而受到獎勵，同時獲得認可與酬勞。不過，基於個人優秀特質而獲得升遷（以及加薪），與根據績效評量的結果直接給予酬勞之間是有差別的。對大部分員工來說，他們對公司的貢獻包括了許多看不見的層面，比方說想出新點子和找到更好的做事方法、與同事交換想法與資源、投入團隊合作、教導下屬、與供應商或客戶維持良好關係等等。透過升遷與紅利來獎勵這些作為是很恰當的舉動——儘管要記錄這些作為並不容易，而且需要大量仰賴決策者是否有足夠的判斷能力。以數字來評量績效本身並不是問題，用衡量標準來為員工的表現打分數並沒有錯，可是一旦這個標準的面向太過於單一，只評量少數幾項最容易評量的結果（因為這些項目可以被標準化處理），這時候問題就出現了。

針對執行長及其他員工按質計酬的情況，學術界的研究證據顯示，結果非常令人憂心，甚至有些組織行為學的學者建議應該要停止這種做法。業界也有些公司照著建議做了。倫敦商學院的丹．凱博（Dan Cable）與費瑞克．弗莫蘭（Freek Vermeulen）提出許多我們在書中已經探討過的問題：對創意工作按質計酬的負面效果、讓人養成作假帳的習慣、難以定義長期的工作績效，以及造成外在動機排擠內在動機存在的空間。他們的結論是，比較有好處的做法應該是停止對管理高層按質計酬，以更高的固定薪資來取而代之。與眾不同的是，他們甚至建議，你不會希望公司的高層只受到外在動機的吸引，但只要薪酬不固定，而且其高低與績效評量息息相關，那麼你就很有可能會聘請到這樣的高層管理人。[4]有位英國最知名的投資人不再發放紅利獎金給公司高層，而是以支付高薪取代，那就是伍德福特投資管理公司（Woodford Investment Management）的尼爾．伍德福，他的公司管理了高達一百四十億英鎊的資金。他這麼做的論點是，紅利獎金與績效表現之間並沒有太大的關聯性。[5]

強迫排名（forced ranking）是管理者藉由比較員工與其同事來做出績效評量的方法，而這也是一種指標固著的體現。這個做法看起來很「確實」而且很「客觀」，但是經常會造成反效果。二〇〇六年，一份針對超過兩百位在大型企業工作的人力資源專家所進行的調查發現，「儘管有超過一半的公司都採用了強迫排名這個做法，但受訪者對此的看法都是，此舉導致工作效率降低、不公平待遇、員工對公司心存懷疑、降低員工的工作意願、員工間的合作關係減少、打擊員工的士氣，以及對領導階層的不信任」。[6]

有愈來愈多科技公司意識到強迫排名會對大多數員工帶來破壞性的影響，紛紛開始採取不發放紅利獎金的方式了。他們改以較高的底薪再加上公司股份或股票選擇權，以公司長期發展的榮景給予員工實質的激勵（同時只給予表現特別優異的員工特殊獎勵）。[7]

也有些公司放棄年度排名而改採「群眾外包式」的持續性績效數據，這些數據來自於上司、同事，以及內部顧客*在線上所提供的員工績效回報。其實這種方法只是換湯不換藥，因為員工會想盡辦法讓別人說他們的好話，而且痛恨公司對他們如此監視著自己的一舉一動[8]——這也是戴夫·艾格斯的小說《揭密風暴》所描述的反烏托邦可能性。儘管早有證據顯示太過狹隘的評量會帶來危害，同時有礙團隊合作與創新能力，然而，隨著資訊科技的進步，要監視員工的任何一種績效指標變得更加容易，同時也讓人更想將所得到的資料與按質計酬做連結，形式可能有論件計酬、紅利或抽成等[9]。

許多企業公司的效能不彰，有一大部分起因於論質計酬這個機制所評量的項目太過於狹隘，只專注於單一的結果。這樣的問題在公司的高階與低階職位都同樣會發生。

*譯註：internal customer，意指公司企業內部的所有雇員，與外部顧客形成一個完整的供給鏈。

一個與高階管理人有關、令人矚目的案例就是製藥廠邁蘭（Mylan）。雖然邁蘭並不在美國最大的製藥廠之列（營收排名第十一，市值則是排名第十六），但邁蘭公司提供給高層管理人的報酬卻是全美排名第二，到二〇一五年十二月為止的五年之間，三位邁蘭最高階的管理人，每人所獲得的報酬超過了七千萬美金。在這段期間內，它的股價上揚了百分之一百五十五。在二〇一四年，董事會為公司的管理高層想出了新的報酬制度，如果他們能夠讓公司的獲利每年成長百分之十六，就能獲得十分豐厚的報酬——這對一間主要以非專利藥品為主的公司來說是非常不合理的期望，因為非專利藥品一般被認為是個「成熟市場」，也就是競爭激烈但獲利不高。

邁蘭最主要的獲利商品是速效型腎上腺素注射筆，這是種外型像筆的裝置，使用者可以很簡單快速地注射腎上腺素，以平息嚴重的過敏性休克。由於每次的注射效用只能持續一段短暫的時間，加上有過敏性休克風險的孩子必須在家中和學校各放一枝注射筆，許多有這種風險的家庭都需要同時備有好幾枝。此外，這種藥物會在十二到十八個月後失去效力，所以需要經常更新。腎上腺素注射筆並非邁蘭的發明，它是另外一家廠商研發出來的，而邁蘭在二〇〇七年買下其使用權，但因為市場上沒有其他可與之匹敵的競爭者，邁蘭可以說是幾乎壟斷了腎上腺素注射筆的市場。

二〇一一年，邁蘭晉升了公司裡一位高階管理人，海瑟．布雷許將於隔年一月正式成為首席執行長。從二〇〇九到二〇一三年，邁蘭的腎上腺素注射筆價格就從一百美元漲到兩百六十三美元，緊接著在二〇一四年五月（也就是在新的管理高層報酬制度開始實施之後），注射筆的價格又再次翻倍變成了四百六十一美元，到了二〇一五年五月，又再漲到六百零八美元。[10]

這個救命藥品的使用者不只大人，還有成千上萬的學齡孩童（多虧了邁蘭成功的行銷策略），因此到了二〇一六年的夏天，邁蘭所做出的價格詐欺行為，終於引發社會大眾不滿的怒吼，也致使國會針對此事召開聽證會。許多位參議員要求司法部門對該公司的定價方式展開調查。

邁蘭的投資人是如何靠著由公司激勵高層，來提高收益而吃香喝辣？布雷許接任首席執行長時，股價停留在二十二美元，到了二〇一五年六月，股價來到了七十三美元。不過由於大眾的強烈抗議，再加上國會聽證會與司法部門的調查，邁蘭的股價在二〇一六年十月下跌到三十六美元。管理高層一心只專注在達成超額的營利指標，最後的結果是導致整家公司名譽掃地。

就在邁蘭的管理高層按質計酬制度摧毀了這家製藥公司的同時，另外一家大公司也默默地執行著自己的按質計酬制度。出問題的並不是這家公司的高層，而是底層員工，因為這家公司的激勵動機並不是掛在鼻子前的紅蘿蔔（金錢報償），而是棍子，也就是只要有人沒達到績效目標，就會被開除。

事情是這樣的，富國銀行集團（Wells Fargo）是美國一家大型銀行，在艱困的經濟環境中持續運作。聯準會把利息調降到了接近零，使得銀行更難從客戶的貸款中獲取利潤。為了要增加獲利，富國銀行在二〇一一年開始鼓勵「交叉銷售」（cross-selling）：銀行給行員設定了配額，向那些對銀行商品（比如儲蓄帳戶）有興趣的客戶推銷其他的服務，像是申請信用卡等銀行比較有賺頭的商品。如果行員沒有達到配額，那麼不但加班時間不會計薪，還要面臨被開除的可能。（或許富國銀行的靈感來自於經典電影《大亨遊戲》裡的老闆一角，他是這麼對銷售團隊講解公司的銷售競賽規則：「第一名的獎品是一輛凱迪拉克轎車……第二名是一組牛排刀，第三名是捲鋪蓋回家。」這樣你大概有概念了吧？）

但是就每天走進銀行的客戶人數來計算，配額實在設定得太超過了。為了要達成配額目標，數千名富國銀行的行員只好藉助於低階的詐欺行為，比方說，自製密碼幫客戶在線上開戶或申請銀行卡——而客戶本人完全不知情。這並非富國銀行管理高層的初衷，他們想要的是行員為客戶開設真正會使用的帳戶。就在發現瀆職的證據之後，富國銀行開除了五千三百位做出這類行為的員工。但是，訂出這個績效配額的公司管理高層，早就該預見這種設定就是會出現這樣的詐欺行為。

二〇一六年九月，大量的銀行詐欺事件被新聞揭露之後，富國銀行被聯邦消費者金融保護局罰款一億美金、洛杉磯市檢察官辦公室五千萬美金，還有美國財政部貨幣監理署三千五百萬美金。對這家公司所造成的傷害不僅僅是金錢上的損失，還有名譽。富國銀行的股價從八月底的五十美元，跌到了九月底的四十三美元。我們又再次看到，以評量績效來進行獎勵與懲罰，出現了與預期完全相反的結果。[11]

邁蘭和富國銀行都是一個常見的老模式在近期出事的案例。在這個模式中，按照評量績效來發放酬勞的策略，導致員工做出對公司名譽造成長期傷害的行為。[12]

這究竟是人類的天性，還是大力宣傳按質計酬這個信念所造成的問題？換個方式來說好了：每個人都只關注自己狹隘的利益，這到底單純是人類的天性，抑或是因為管理概念利用了人類的行為模式，促使人類只求個人利益的傾向更為放大？有時候，公司向管理階層和員工傳話的方式，確實會影響他們的想法，因此他們會開始從狹隘的個人利益角度來行動，並以欺瞞和狡猾的手段來行事。[13]

這也造成了一個狀況，那些最了解績效指標的管理階層和員工，就是最有機會為了自身利益而操弄這些指標的人，而且通常他們也會這麼做。[14]舉例來說，泰科國際（Tyco）的執行長丹尼斯．柯羅斯基、世界通訊（WorldCom）的執行長柏納．艾伯斯，以及阿德爾菲通訊公司（Adelphia）的執行長約翰．里加斯，他們全都在二十一世紀初鋃鐺入獄。因為他們利用熟知自家公司交易內容的詳細資訊來操弄績效評量，好讓自己可以藉此獲得大筆財富。[15]

為了因應這些醜聞的產生，促成美國國會在二〇〇二年通過了沙賓法案

（Sarbans-Oxley Act），目的是為了要加強公司企業的公信力，其中一個方法是公家企業的董事會成員必須為公司財報的正確性負起法律責任。為了滿足這條法案的規範，企業行號的成本大幅增加，卻也讓大眾對其財報的正確性恢復了信心——這一點證明了公佈透明度的好處何在。但是，這除了加重每一位董事會成員的法律責任，同時也增加了另一項經濟學家沒有計算到的成本。

一位不願具名、負責財星五百大公司董事會的財務顧問告訴我，自從沙賓法案通過後，董事會成員全都一心一意地在確保公司的財部報告沒有問題，他們根本沒有時間和精力去執行董事會成員最主要的任務，也就是為公司長遠的未來發展思考策略方向！現在變成只有那些受到評量，而且若未達標可能因此受罰的工作項目才有人在做。

金融危機

二〇〇八年之所以爆發金融危機有許多原因，其中有部分是因為有人試圖以標準化的評量指標，來取代根據第一線專業知識所做出的判斷，而按質計酬的制度讓狀況更為雪上加霜。16

當公司規模拓展得愈來愈大（包括金融財務公司在內），旗下所擁有的子公司會愈來愈多，這時就需要有新的管理階層來監督與整合這些不同的單位。從管理高層的角度來看，經營項目多元，就代表這些高層在管理的都是他們本身所不熟悉的資產。這也使得他們想要尋求能夠在龐大且類型各異的組織中，統一施行的標準化績效評量方式。這個做法隱而不宣的前提是：能夠數值化評量的知識才是唯一需要的知識、數值資料可以取代其他形式的調查、數值結果（以機率公式為基礎，而非經驗性的研究）可以取代旗下單位的實際知識。

造成金融危機的部分原因，是有愈來愈多財務專員擅長分析和操作指標數據，但對於事情如何完成或交易如何進行，卻沒有任何「穩紮穩打」的知識或經驗。就如同國際知名歷史學者尼爾．佛格森所說：「如果上帝想要摧毀誰，第一件要做的事情就是教他數學。」

追根究柢，這就是醞釀二〇〇八年金融危機的前置狀況。傳統上，銀行（或個人投資者）都會與提供抵押品來貸款的人有直接的接觸，可以藉此判斷誰值得信賴，誰不值得信賴。他們也絕對有動機要進行這樣的判斷，因為銀行和投資人會長期持有這份抵押品，他們未來的收入能否源源不絕，就端看這位受抵押人是否可靠了。

這個情況從二〇〇〇年左右開始有了變化，到了二〇〇八年，這個系統一大部分已經被新的系統取代了。銀行資本法規的改變，使得傳統發放抵押貸款與持有傳統抵押物件的利潤變少，反而是持有包含了數千件抵押品在內的債券利潤較高。[17]這時要進行抵押貸款不是先透過銀行，而是透過抵押仲介公司，這些公司靠經手抵押的件數來賺錢，但是對這些抵押物件的長期存活力完全沒有興趣。

發放抵押貸款的機構，像是全國房貸經紀公司（Countrywide），提供貸款給人買房子，然後將這些貸款整理成一千件一份，然後再賣給像是雷曼兄弟（Lehman Brothers）這類的銀行。既然這些發放貸款的機構，對於這些抵押物件的存活力根本沒有興趣，於是他們就開始提供愈來愈多「簡易文件」（low-doc）或「無須文件」（no-doc）的貸款，也就是借款人幾乎不需要提供任何資料來證明他們真的有還款能力。但相對的，銀行也不會一直持有這些抵押物件不放，於是便形成所謂的「不動產抵押貸款債券」。這是一種有利息的債券，其擔保品是貸款，並將之出售給投資人。金融工程師聽從了信評機構（像是穆迪）的建議，將借款人有極高還款可能性的優質房貸，與那些還款疑慮較高的房貸混在一起，也就是想盡辦法從這些不動產抵押貸款債券中榨出最高收益。[18]這麼做他們其實自己也背負著不同程度的風險，希望能從變動利率中獲益。

在背後支撐這一切的是眾人對金融機構的信任，以為這種多樣化的商品可以取代對每一件資產所需進行的查核。只要將足夠多的資產綁在一起，你就不需要知道太多關於這些資產的內容，或是去判斷它們的存活力。

一些有著複雜數學運算的新金融商品也被創造了出來，像是信用違約交換，其用意就是為了在這些不動產抵押貸款債券的價值突然出現變化時，能夠規避風險。原本是希望利用精密的數學來降低風險，沒想到結果反倒變成幾乎沒有分析師搞得懂當下究竟是什麼狀況。這類金融商品使得監管變得無法執行，無論是公司內部的高層或是外部的監察人員都無從下手。

除了曖昧不明的評量指標這碗迷湯被端上桌取代了專人的判斷，雷曼兄弟這些銀行的管理高層所領取的酬勞，也都是根據績效評量的結果，以分紅獎金的方式來發放。也就是說，指標提供了方法，而按質計酬則給予了動機，讓他們勇於在一片渾沌的狀況下去承擔不正當的風險。[19] 接著，當受抵押人確定拿不出錢來繳交房屋貸款時，這些不動產抵押貸款債券的價值便一夜大跌，讓那些以「信用違約交換」來為債券規避風險的金融公司，蒙受了規模龐大、毫無預期的損失。結果就是整個金融系統幾近崩潰瓦解。

短期主義

按質計酬曖昧不明的評量指標，還以「短期主義」這種方式扭曲了經濟。這二、三十年間，商業世界中最重要的變化或許就是經濟金融化，尤其是在美國。[20] 一直到一九八〇年代，金融在美國經濟中還是一個雖必要、但有所限制的組成元素。股票的交易（股票市場）是由個人投資者所組成，金額或大或小，這些投資人拿自己的錢來購買自己相信有長期發展前景的公司的股票。華爾街的大型投資銀行（以及國外的投資銀行）也備有充足的投資資金，而這些銀行都屬於私人合夥的公司，也就是合夥人會從自己的口袋裡掏錢出來投資。

當可以用來投資的共同資本（來自於退休金、大學基金和外資）愈來愈多，並且投資人改成聘用財務專員來管理這些投資，不再是自行處理，這一切就開始轉變了。最後產生了一個全新的金融系統，套句特立獨行的經濟學家明司基（Hyman Minsky）的話，其特點就是所謂的「財管專員資本主義」，或是商學院拉帕波特（Alfred Rappaport）所說的「代理人資本主義」。[21]

受到這些新機會的刺激，華爾街的傳統投資銀行將自己改頭換面，變成進行公開交易的公司，現在它們不只用自己的資金來投資，也開始用其他人的錢來投資，並將公司合夥人與員工的紅利獎金與公司的年度收益綁在一起。這創造出一個高度競爭的金融體系，由那些管理大量共同資金的財務經理人來主導，而他們之所以能獲得高額報酬，是因為他們的能力理論上比其他同業更高。這個環境中的動機結構，促使經理人努力要最大化短期收益，而他們也將這份壓力轉嫁給股票公司的執行高層，要求這些公司每季都能展現出亮眼的收益表現。[22]

時間的縮短造成公司產生衝高立即收益的念頭，而代價就是犧牲公司的長期投資——那些本來要用在研究開發或提升員工技能上的投資。對每季營收的重視（這種做法理論上是要提供透明度）以及「每季營收方向指引」——也就是管理高層對接下來三個月公司營利的期望——更強化了短期主義，因為股價的漲跌，通常都和這個指標息息相關。既然無法達成下一季的預期目標會導致股價下跌，自然就會有人想在數字上動手腳，好讓評量績效能符合預期目標。

這也讓公司管理高層擁有強烈的動機，將他們的創意能力發揮在如何粉飾生產力或收益。常見的手法包含美化或竄改數據，或是降低對公司硬體維護和人力資本（例如讓員工接受在職教育）的投資，藉此提高季營收或同等的指標。這種對公司的「長期成長」投資不足的狀況已經變得過於嚴重，連全球最大的投資管理公司貝萊德的執行長賴瑞．芬克，都在二〇一六年寫了一封公開信提出警告：「今天這種過度重視季營收的文化，跟我們所需要的長期經營發展完全背道而馳。」[23]

美化評量指標最常使用的方法，就是將公司的資源從最佳的長期發展轉移到可以立即見效的短期評量項目上。比方說，一家公司希望以自身營收數倍的價格被收購，可能就會透過解雇高階員工的方式來使自己的營收數字變高。又或者執行長會將必要的投資延後，以美化公司的營收，藉此達到分析師對這一季的獲利預期。

又或者財務經理人會買進績優股，賣掉那些表現還不夠好的股票，好讓財報看起來很漂亮，藉此掩飾他們是在高價時買入績優股，以及製造那些表現不佳的股票之後可能會獲利的假象。這種做法在會計財報中被稱為「窗飾」（window dressing），也就是美化帳面。[24]

全心投入在績效評量指標上會造成經理人忽略那些沒有明確評量標準的工作任務，正符合了組織行為學家瑞本寧（Nelson Repenning）與韓德森（Rebecca Henderson）在近期所提出的論點。[25]因為無法計算像是名譽、員工滿足感、動機、忠誠度、信任與團隊合作等這一類的非實質資產，所以那些著迷於績效指標的人會以犧牲長期發展為代價，在短期內擠壓出資產的價值。也因為這些原因，依靠可評量的指標對短期主義者來說非常有幫助，而這也是現代美國公司難以擺脫的一種弊病。

其他失能狀況

當酬勞、獎金和升遷這類的獎勵與達成預算目標綁在一起，還會出現另一個危險：造成組織資訊系統的扭曲。管理階層與員工學會如何說謊、捏造、美化，或是隱瞞那些用來計算他們酬勞的評量數據。但這些同時也是管理高層用來整合公司活動，以及決定如何分配未來資源的資料，而資源的錯誤配置會對公司的生產力和效率造成傷害。[26]

想要使用明確的評量標準來取代資訊充分的人為判斷，同樣也限制了創意的發揮，因為創意自然是免不了猜想與風險等成分。哈佛商學院教授皮薩諾（Gary Pisano）和史兆威如此說道：

絕大多數公司都採用了高度分析的方法來評量投資機會。儘管如此，用量化方式來評估長期的研發計畫還是十分困難……通常我們無法取得這樣的數據，就連合理的估算都很困難。我們卻很常看見有人將這些工具當作是最高指導原則，用來評判哪些研發項目可以獲得資金補助，而哪些不行。所以期待取得更多的短期成果反而擠壓了長期投資，而這些都是更新技術和營運能力所不可或缺的投資。[27]

用績效指標來做為評量公信力的做法，確實對於在事情出錯時找出責任歸屬何在有所幫助，卻不太鼓勵員工有所成就[28]，尤其是當這樣的成就需要想像力、創新力以及風險。確實就如同經濟學家法蘭克．奈特在將近一世紀之前所說，企業經營伴隨著「無法衡量的不確定性」，這是無法以指標性的評量來計算的。[29]

因此，就連在商業和金融領域，指標固著也占了上風。商業評斷所需要的績效指標絕對不只有一個。獲利當然很重要，但以長期來看，名譽、市場占有率、顧客滿意度，以及員工士氣也同樣重要，因為這些讓公司能夠隨著環境做出調整，並且找出解決新問題的方法，而在市場中一定會不斷有新的問題出現。在一個無法預測變化的經濟世界中，我們需要持續不斷的創新，無論大小，而這樣的創新力不能因為單一的績效目標而隨時被捨棄。績效指標毫無疑問可以幫助企業管理最重要的面向：未雨綢繆、判斷和決策，但絕對無法取而代之。[30]

13 慈善事業與國外援助

正如前面所見，績效指標在政府單位和營利公司很快就失去了效用，而對非營利組織來說也是相同的狀況。如同前面幾章，我們將在這章提供一些實際的案例。

慈善機構跟企業行號和政府組織一樣，也有必須讓工作成果保持透明的壓力，以對捐款人負責，而一直以來大家都認為最能夠確保無誤的方式，就是使用績效指標。捐款人想知道自己的捐款到底是不是有效地被利用，還有這些非營利組織是否真的將捐款用在其所宣稱的項目上，但是這些該如何評估呢？他們又要如何確認這些經費沒有變成慈善機構員工的油水呢？

這二十多年來，在指標固著的魔咒下，捐款人（基金會、政府單位和個人）認定這個問題的解決辦法就是，對所有慈善機構的預算進行評量並加以公佈，讓大家知道捐款有多少比例是用在行政以及募款成本上（也就是所謂的「經常費用」，或「間接費用」）。我們再次看見了只要使用指標就會出現的模式：能夠被評量的項目都是最容易評量的項目。既然慈善機構的工作成果難以評量，所以大家便把注意力轉到機構收到的款項上。在最極端的狀況下，經常費用與活動成本的比例可以提供非常有用的指標，讓人看出其中使否有詐欺行為或財務管理不良的問題。但更為常見的是，大家將只對例外狀況有用的績效評量，拿來做為所有一般狀況的指標。

對絕大多數的慈善機構來說，將「低經常費用」與「高生產力」畫上等號，不只是種假象，更會帶來反效果。為了要能成功達到工作目標，慈善機構需要一群有能力、受過訓練的員工、足夠的電腦和資訊系統，和功能齊備的辦公室。他們當然還需要可以使捐款源源不絕的能力。但是，指標的假設卻是，慈善機構是否有效發揮作用，與他們的經常費用成反比，而這就導致了經常費用遭到削減，連帶影響組織的能力下降——沒有能力優秀並受過訓練的員工，只有許多菜鳥新手，而且流動率極高，電腦設備也老舊過時，效率極差。結果就是，目前正在進行的活動或新計畫的募款成效不佳。更雪上加霜的是，捐款人愈來愈要求看到各種成果報告，員工於是得投入大量時間在製作文件上，連帶消耗更多經費。

為了因應這樣的狀況，慈善機構的主事者經常選擇謊報數據：假稱主要的工作成員將所有時間都花在計畫上，又或是募款活動沒有任何開銷。會出現這樣的因應手段是可以理解的，然而這麼做也讓捐款人更加肯定，為了確保慈善機構的可信度，應該監督各家機構降低經常費用。[1]就這樣，可信度這個指標等於是玩火自焚。

能夠帶來轉化的目標與可評量的目標

在政府希望能促進他國社會與經濟發展的國際援助行動之中，也同樣可見指標固著的情況。許多人對國際援助計畫抱持著根深蒂固的質疑（但也算是合理），大家普遍認為這種做法產值不高，而且還會帶來反效果。[2]不過，有些國際援助計畫對於改善某些貧窮國家的健康、教育、經濟發展，甚至是政治穩定度，有著明確的貢獻。為了評估哪些作為有用，哪些沒有用，美國政府部門愈發依賴指標的幫助，至於結果如何，相信各位讀者現在心裡都已經有譜了。

那些成果不容易被量化的援助計畫經費全都被削減了。打個比方，要評量小學的入學人數和閱讀能力如何很簡單，但是，要評量提供窮困國家學生來美國大學就讀的獎學金，究竟帶來什麼樣的文化教育成果就很困難了。所以當指標變成評量的標準時，那些無法呈現出短期效益的計畫就會遭到捨棄。舉例來說，美國國際開發署的獎學金計畫，就遭到白宮預算管理局喊停，理由是政府無法判定這個獎學金計畫的助益是否高於成本。[3]

指標同樣再一次大力鼓吹短期主義。在國際發展領域有長期經驗的知名公職人員安德魯・奈斯（Andrew Natsios）就特別提到，政府國際發展部門的員工已經「嚴重染上了『評量上癮症』，這是一種根植於全國的智能障礙問題，讓所有人都認為，只要評量政府的所有計畫就能夠找出更好的政策選擇，並且把國家管理得更好」。凡事注重量化，會使人忽略那些長遠來看能夠帶來最大益處的計畫，比如說能夠增進發展中國家技能、知識、公民服務水準與司法系統的援助計畫。對於那些罹患評量上癮症的人，奈斯是這麼寫的：「他們忽略了發展理論的一個中心原則——這些最明確也最容易被評量的發展計畫，也是那些最沒有轉化效益的計畫，而那些最有轉化效益的計畫，也正是最難以量化評估的計畫。」[4]

在這裡同樣也可以看見，大家都想評量最容易被評量的項目，導致無人關注結果如何，反而更在意那些可以被量化的手續，比方像是官僚體系的流程。有位美國國際開發署的官員向學者坦承：「沒有人想得出方法來評估『為他人培養能力』產生了什麼效益……所以只好把焦點轉到報告的有效性上，美國國際發展署只看那些可以被量化的項目，例如舉辦了幾次工作坊，或是有多少人參加了訓練活動。」[5]

不只美國國會的各委員會要求看到更多評量與量化結果，白宮預算管理局和政府審計辦公室等更高層的單位也不遑多讓，這些單位的成員主要是由「會計師、經濟學家、採購專家以及立法人員所組成……他們都接受過公共行政學、商業行政學或經濟學的教授指導，這些教授都過度強調量化的重要性」。[6]這些評量專家都是這把指標聖火的守護者，同時也是煽動變節的高手，說服資深的管理高層轉向信奉指標邪教，要求眾人犧牲大量的時間和精力來製作統計報告，用以評量績效並確保公信力。

14 當透明度變成績效表現的敵人

政治、外交、情報與婚姻

我們之所以會尋求指標的幫助，通常是基於這樣的想法：如果機構不夠透明化，它們的運作就會變得遲緩，如果接受外部監督，就會變得更有效率。Google Ngram 的使用者人數從一九八〇年代中期突然開始暴增，這是因為「績效指標」與「透明度」這兩個專有名詞在當時一前一後地嶄露頭角。當今的文化傾向於假設「績效」與「透明度」之間的關係呈正比，但這其實是錯誤的推論，或說是種以偏概全的誤解。因為，就如同績效評量的效用有其限度，透明度也同樣有其效力的界限存在。在某些情況下，機構的績效表現要好，反而是仰賴透明度夠「低」。本章所要討論的並非指標的問題，而是廣義上的績效，也就是「無論我們該做的工作是什麼，把它做好就對了」的想法。這一次我們先不談機構，而是先從人際關係說起，看看

「透明度」的壞處。

親密感

我們之所有能擁有所謂的「自己」，是因為別人看不見我們內心的想法和慾望。而之所以能與他人有親密感，也是因為我們能夠對某些人開誠佈公，讓他們看見我們的內心世界。如同當代哲學家賀伯托（Moshe Halbertal）所說：

如果一個人的想法全寫在臉上，所有人都一目了然，那麼內在與外在的界線就會消失，而個人性也就蕩然無存。正因為能夠隱匿自己的想法，才會有隱私的存在，並因此保護了一個人得以定義自己為獨立個體的能力。此外，個人會藉由揭露不同程度的自己，與表達不同程度的親密來建立特別的關係。在社交場域中，人會在揭露與隱藏自己時做各種調整，與不同的人建立起不同的距離感和親近感。[1]

在人際關係上，就連想與最親密的人保持良好關係，都得藉助一定程度的隱晦性和不透明，我們不需要時時知道對方在做什麼，甚至在想什麼。

政治與政府

維持一定程度的不透明對政治來說就更為重要，因為政治中所牽涉到的人更多，也因此有更多的利益和更高的敏感度。政治人物所扮演的主要角色之一，就是各種不同利益團體和敏感問題的掮客，想方設法居中協調，做出能彌平歧見的安排。他們必須進行談判交涉，讓各方願意在自己的利益上各退一步，接受較為中庸的條件（雖然這樣的妥協大家通常都不是太滿意）。換言之，政治牽涉到各種狀況的討價還價。通常只有在交涉中的各方看法受到保護的狀況下，這才有可能發生，因為各方很可能會對傷害到他們在大眾眼中「透明」形象的協議內容，予與否決。

政治人物所謂的「有創意的施與受」，對理論家和懷抱著特定利益條件的談判代表來說，就是「背叛」。這就是為什麼在敏感的議題上，成效最好的談判都是關著門進行的。如同美國民主黨的前參議院議長達希爾（Tom Daschle）所提到的：「大家以為只要每一場對話都在攝影機的監督之下進行，政府的表現就會更好，這種想法其實是錯的……說到底，政府之所以會出現今天這樣的失能狀態，都是因為沒有機會進行開誠佈公的對話以及有創意的施與受。」[2]這也是為什麼真的能做事的政治人物，或多或少都得做個雙面人，如此才能在閉門進行的協商談判中，保有比公開場合更多的彈性。只有在各方已然達成協議且拍板定案之後，才能公開交由大眾來審視監督，也就是，只有在到達這個階段之後，才能夠使之「透明」。[3]

政府的績效表現也是同樣的道理。要想有效率地運作，通常不能對大眾公開內部所進行的各種商議——反而是保持「不透明」才好。我們要能分辨政府中的哪些環節應該向大眾公開，而哪些不應該公開。曾擔任政府公職的知名法律學者桑斯坦（Cass R. Sunstein），在政府的投入（input）與產出（output）之間做了很好的區分。「產出」包括政府在社會與經濟趨勢上所整理出的資料，以及政府各種作為的成果，像是對各種法規的監管。他的看法是，產出應該要盡可能讓大眾能夠看見。相反地，投入則是政府在進行決策時的各種討論，亦即決策者與公職人員之間的討論。

現在社會上也有愈來愈大的聲浪，希望將這些討論公諸於世。法律方面有《資訊自由法》，而美國國會方面，則有為了調查班加西事件，要求前國務卿希拉蕊．柯林頓公佈相關的電郵內容。我們也會看到一些違法的方式，例如維基解密這類機構，盜取和散佈了政府內部的文件。對大眾公開內部商議的內容（也就是使之透明）會帶來反效果，桑斯坦認為，如果政府官員知道自己的想法和立場要被公開，就很難在與談判方溝通時保持全然坦誠、公正與信任的態度。可預期的結果就是，政府官員會盡量避免留下書面資料，無論是紙本文件或是電子郵件。他們會改以口頭對話來討論重要的議題，但這麼做會失去精心部署的機會。[4]所有政策都有其代價，如果內部商議都要公開透明，官員們就不可能對那些很受歡迎但事實上沒有任何幫助的政策下手，或是那些大家都認為有必要卻會得罪許多選民的政策。對一個好的政府來說，透明化就成了敵人。

外交與情報

讓外交事務「公開透明」也會帶來傷害，而且對於收集情報來說相當致命。二〇〇一年，美國軍方的情報分析師布萊德利．曼寧（Bradley Manning）自行向維基解密洩漏了上萬份軍方與國務院的機密文件。[5]其中一個結果就是造成了祕密線民的名單曝光，裡面包括了一些反對自己國家政權的異議人士，他們在伊朗、中國、阿富汗、阿拉伯國家等地，與美國的外交官有過接觸。[6]名單曝光使得這些線民必須祕密移往他處，以確保生命安全。更重要的是，這次的洩密事件讓美國的外交人員未來更難從這些人身上取得情資，因為雙方對話的機密性已經無法讓人信賴。

電腦安全專家愛德華．史諾登，過去曾任職於美國中情局，後來又受雇成為美國國家安全局駐夏威夷的承包商。他系統性地從政府各個局處拷貝了數千份高度機密的文件，目的是為了揭發美國政府的監控計畫。在眾多內容極為敏感的文件之中，他向媒體披露了一份長達十八頁、出自「第20號總統政策指令」（Presidential Policy Directive 20）中關於網路監控的內容，透露了美國即將展開監視行動的所有外國電腦系統，這份文件被全文刊登在英國《衛報》上。史諾登的行為並不只是代表美國的情報工作，出現了有史以來最嚴重的漏洞，同時也重重打擊了美國及其盟國的安全。然而，美國和歐洲卻有一部分人將史諾登吹捧成英雄人物。在史諾登的內心深處，一定也深信大家都希望政府能讓其政策透明。

一個蓬勃發展的政府就和一段健康的婚姻一樣，有些事情最好睜一隻眼閉一隻眼。而國際關係也如同人際關係一般，若能維持適度的曖昧和隱晦，很多事情就能夠順利運作。把一切挑明並公諸於天下，事情就會告吹。夫妻或政府之間的協調談判，經常都需要找出一個能讓雙方維持面子或是保有尊嚴的解決辦法，而這便需要妥協或是含混帶過。事實上，盟國彼此之間為了要判斷對方的真正意圖、能力和弱點何在，會暗中進行監視偵察，這是所有政府人員都心知肚明的事。但這種事情不能夠對外公開，因為這麼做等於是在羞辱其他國家的自尊心。此外，國內的政治關係，就與國際關係、人際關係一樣，總是需要靠某種程度的偽善才能進行一些無傷大雅卻有所助益的事，但是這樣的做法卻很難符合國際法與一般白紙黑字的規範。

簡而言之，容我再次引用摩許．賀伯托的話：

為了維持國家與其民主機構的運作，一定程度的合理隱瞞是必要的。軍事機密、打擊犯罪的技巧、情報收集，甚至是外交談判——這些事情一旦被公開就會全盤瓦解。這些領域必須要維持密不透風的機密狀態，為的是讓國家的其他機構能夠在一般正常的透明度下繼續運作。我們之所以能夠進行公開透明的談話，正是因為背後有著黑暗的隱密領域，在確保我們這麼做的自由無礙。[7]

我們的隱私已經被科技（網際網路）與宣揚據實以告是美德的文化給侵蝕殆盡了，而羞恥也早已被拋到腦後。在這個後隱私時代，人們普遍忽略了祕密的價值[8]，將「透明度」的力量視為一道神奇的公式，經常忽視其所造成的反效果。「陽光是最好的消毒劑」已經成為維基解密主義這個新信念的信條——只要將所有機構與政府的內部商議全部公諸於世，能夠讓這個世界變得更美好。

我們卻經常可以看見，這麼做的結果導致了全面性的癱瘓。政治人物被迫公開自己採取的所有行動，讓他們無法與對方達成協議，完成立法的最終目的。官員時時得擔心自己所進行的內部商議被公開，也使得他們在制定有效的公共政策時，無法全力爭取。而需要保密才能蒐集國家敵人資訊的情報機構，更是因此受到重挫。在上述的每一種狀況中，透明度都是績效表現的大敵。

IV
結論

15 非計畫但可預期的負面後果

對於社會科學的目的為何，十九世紀的法國哲學家孔德（Auguste Comte）明確地表達了他的想法：「知道才能預測，預測才能預防（那些我們之前沒有想到自己的行動所會產生的後果）。」現在我們知道許多指標固著造成的狀況，我們就可以預料可能出現的負面後果，而且或許能夠預防它們的發生。在開始談如何恰當使用績效評量之前，讓我們先整理一下從案例研究中學到的可能危險。

將全副精力轉移至達成評量項目，而導致工作目標錯置。目標錯置有各式各樣的形式。當工作績效只受到少數幾項指標的評量，再加上無法達標所要付出的代價很高時（要保住飯碗、獲得加薪、在得到公司的股權時讓股價上漲），大家就會專心於滿足這些評量，犧牲了那些不被評量卻更為重要的公司目標。[1]經濟學家霍姆斯壯（Bengt Holmström）和米爾葛姆（Paul Milgrom）用更正式的說法描述了這種無法與真正目標一致的動機：因那些可以評量出績效的工作而獲得獎勵的員工，就不會多花力氣在其他的工作上。[2]結果就是，指標這個方法取代了公司的目標，然而這個方法原本應該是要協助完成目標的。

助長了短期主義。績效評量鼓勵了莫頓所說的「迫切、立即的好處……而行動者最關心的就是立即可見的結果，完全不考慮長遠的後果或其他可能引發的狀況」。[3]簡而言之，重視短期目標的代價，就是犧牲了對長期發展的考量。

員工的時間成本。在指標這筆帳的支出欄位裡，一定要添上這一項成本：那些被指派要統整、處理指標相關資料的員工所花費的時間（更別提實際去讀這些資料所要花的時間）。「制式化報告」也使得情況更為惡化，它讓人覺得需要一直不斷有資訊產出，不管是否有發生任何重要的事情。有時候，報告的厚度被當成「成功」的指標，好像沒有大量的紀錄，就表示大家都沒有在做事。這些公司員工只好花更多的時間統整資料、寫報告，並參加許多關於如何統整這些資料和報告的會議。所以，如同管理顧問莫里那和托曼所說，員工花費了更長的時間和更多的心力，在做那些無益於增加公司產值的事情，同時也耗損他們的工作熱誠。[4]

指標的效益日漸衰減。有時候新導入的績效指標能夠立刻展現出成效，揪出那些工作表現特別差的少數例外。[5]由於一開始就摘掉了這些「最低的水果」，大部分人都會期待接下來能繼續豐收。但問題是，指標還是一直在同樣的一群人身上汲取資訊。很快地，評估與分析指標資訊的邊際成本就會超過邊際效益了。

連帶的相關規定。為了要防止捏造、謊報或目標轉移等會造成指標誤謬的情況，公司便會制定出一整套的相關規定。遵守這些規定只會更加拖緩公司的運作，並降低效率。

運氣好才獲得獎勵。如果當事人無法實質掌控工作的成果好壞，卻因為評量而獲得獎勵，這就是運氣好。這也意味著員工不管是獲得獎賞或是被懲罰，跟他們自身的努力與否沒有關聯，那些受罰的人當然會覺得受到不公平的對待。

不鼓勵承擔風險。透過績效指標來評量產值還有另外一個更微妙的影響，這壓抑了員工自動自發與承擔風險的意願。舉例來說，那些找出賓拉登所在位置的情資分析師們，為了要找出他的下落努力了好多年的時間。如果在這幾年之間的任一個時間點去評量他們的績效，那麼績效會是零。一個月又一個月過去了，他們的失敗率是百分之百，會一直持續到他們終於找到人為止。從他們上司的角度來看，讓這些分析師花這麼多年的時間執行任務其實有著很大的風險，因為最後可能是徒勞無功。然而，真正偉大的成就通常都得冒著這樣的風險才能達成。這是必須長期投入人力的典型狀況。

不鼓勵創新。員工在受到績效指標評量時，他們的動機就是在評量項目中達標，而指標所評量的都是一些早已建立的目標。這麼做會阻礙創新的動力，因為創新就代表那是尚未被建立的目標，也就是還沒有人嘗試過的事。嘗試新事物就一定會有風險，包括了失敗的可能性。[6]績效指標不鼓勵冒險，反過來它鼓勵的就是停滯不前。

不鼓勵合作與擁有共同目標。以評量績效來獎勵個人削弱了共同目標的意義，以及能夠提供合作動機與公司效率的社會關係，因為社會關係無法評量。[7]根據績效評量而給予獎勵，這麼做鼓勵的不是合作，是競爭。如果比起協助及提供建議給他人，個人或小組對指標所製造出的動機更有反應，那麼他們非常可能只想著最大化自己的評量指標，對同事視而不見，甚至可能進行惡意破壞。參與醫療改革的重要人士唐諾·貝維克（Donald Berwick）曾回憶說道：

有位醫院的執行長向我說起他那以營利為導向的管理系統。在這個系統中，中階經理的獎金有多少，就看他工作單位執行預算的表現如何。我問他，如果有一位中階經理覺得將自己部門的資源轉給其他部門使用，會對醫院整體的運作更有幫助呢？「噢，」他很誠實地回答我：「那他一定是瘋了。」[8]

工作體驗下降。強迫員工專注在範圍狹隘的工作評量項目中，這會造成工作上的體驗下降。諾貝爾經濟學獎得主費爾普斯（Elmund Phelps）在他的著作《大繁榮》中說道，資本主義的一個優點是能夠提供「帶給心智刺激的體驗、如何解決新問題的挑戰、嘗試新事物的機會，以及盡情投入未知的歡快」。[9] 這些的確都是資本主義帶來的可能，但是那些受績效指標宰制的員工，被迫將精神心力全都集中在強加於自己身上、範圍受限的目標上，而制定這些指標的人，甚至可能完全不了解員工在做的工作。

這些被控制的員工，心智的活躍程度很低，他們既不會選擇要解決哪些問題，也不會想去解決問題，而且投入未知的事物中也不會讓他們感到興奮雀躍，因為未知的事物不在評量範圍內。簡而言之，他們天性中原有的創業要素（這並不只限於企業老闆才有），都因為指標固著而僵化了。[10]

一個結果是用更強烈的動機和事業心來激勵這些人，讓他們願意離開指標評量獨擅勝場的大規模主流公司。教師可以離開公立學校前往私立學校任教，工程師可以離開大型公司轉而到專門的事務所工作，至於有進取心的政府員工可以改當顧問。這是很健康的做法。

我們社會中這些規模宏大的公司，很難激勵那些最可能擁有創新能力與進取態度的員工。工作愈是變成只要符合績效評量與獎勵的要求，這些人就愈不願意去思考要求之外的其他可能性了。

生產力的成本。專精於衡量經濟產值的經濟學家表示，近幾年來，美國經濟唯一增長的「總要素生產力」是資訊科技產業。[11]我們必須要問，指標文化所消耗的員工時間成本、士氣和進取心，以及它對短期主義的宣揚——這一切是否都是造成經濟停滯不前的原因呢？其影響又有多大？

16 何時使用指標，以及如何使用指標：核對清單

再也沒有比計算和評量人類績效更邪惡的事情了。我們都會以自己難免有限的經驗做出以偏概全的定論，而對於這樣的主觀評斷，指標數據可以是非常有用的對照資料。本書所批判的評量方式，是那些將人的成就與失敗進行量化的績效指標，所有組織機構都有自己一套績效指標。

從本書的案例研究中，我們也可以看到許多指標確實發揮效用的情況。

在警政上，使用警政管理系統將罪案進行統計就有很好的結果，可以發現哪個環節的問題最嚴重，以及該將警力資源部署在哪些地方。它之所以會出問題，是因為高層警官利用降職或不升遷來威脅組織基層的員警，要他們想辦法降低向上呈報的犯罪率。

在大學中，教師評鑑重視的是著作與教學方面的數值資訊。當那些沒有資格評鑑他人的人，機械式地使用這些資訊來評斷資料的正確性與重要性時，這個指標就

會變質。

在中小學教育中，標準化測驗可以讓老師知道學生究竟在特定學科上學到了多少。老師可以據此與同事討論，進而調整教學方式和課程內容。然而當測驗變成老師和學校獲得獎勵或懲罰的主要基礎時，就會出問題。

在醫療界，普諾沃斯特的基石計畫展現出，只要評量項目與專業醫療人員的價值觀一致，診斷性指標可以非常有效地降低醫療過失的發生。而蓋辛格醫療衛生系統則是展現出最令人刮目相看的改善，證明只要將電腦化評量與以合作為基礎的機構文化相結合，就能有所成效。在設定評量條件以及進行績效評量時，該系統是由包含了醫師與行政階層在內的團隊來共同決定。

以上兩者的案例中，都是以內在動機與職業精神做為誘因來運用指標。但在其他的醫療體系中，使用評量績效進行獎勵有時是完全無效，甚至會導致相反的結果。

美國軍隊使用績效指標，在「反叛亂作戰」上取得最好的效果，充分證明了由於標準化指標通常無法呈現出事實，所以必須按照特定情況來開發適用的指標，特別是要由那些富有當地經驗的實戰人員來擬訂，才能夠產出真正有用的資訊。在這類情況中，所要面對的挑戰是必須拋棄一體適用的指標範本，並找出究竟哪些項目值得被評量，以及這些數字對當地環境來說所代表的意義為何。

我們又再次看到「評量」無法取代「判斷」：評量需要人來判斷，判斷是否該評量、要評量些什麼、如何評估評量項目的重要性、是否將獎懲與評量結果綁在一起，以及應該要對哪些對象進行評量。

哪天萬一你發現居於得負責制訂政策的位置上，這裡有一些你應該問自己的問題，以及你在考慮使用績效評量時該牢記的要點，還有如果最後決定要使用的話，又應該如何使用它們。這份清單上的要點能夠幫助你達到成功的績效評量。話說回來，有鑑於各種指標固著所帶來的傷害，指標的最佳使用方法或許是根本不要使用比較好。

核對清單

1. **你想要評量的是哪一類的資訊？**受評量的客體若是無生命的東西，就愈有被評量的可能，這就是為什麼評量與自然科學及工程學有著密不可分的關係。當受評量的客體會受到評量過程的影響時，評量結果就比較不可信賴。受評量的客體與人類活動愈是相關，那麼評量結果的可信度就會愈低，因為這個客體——人，是有意識的個體，而且會對自己「受到評量」一事產生反應。如果評量牽涉到獎懲，那麼他們就很可能會做出扭曲評量有效性的行為。相反地，他們對獎勵目標的認同愈高，就愈可能會做出提高評量有效性的反應。

2. **這些資訊的有效性有多少？**每一次都記得要提醒自己，就算有些活動可以被評量，也不代表它們一定就值得我們去評量。評量的容易度與其重要性是成反比的。換句話說，問問自己，你在評量的東西真的能夠呈現出你想要知道的資訊嗎？如果這些資訊根本沒有用，或者並不能代表你真正想要知道的事情，那麼最好還是不要進行評量比較好。

3. **加入更多指標效果會更好嗎？**記住，有用的績效評量，能在找出表現很差的少數人或是發現真正的不當行為時，發揮最大的效果。若是用在中、高階的對象上，績效評量就沒有什麼用了。此外，你進行的評量愈多，就愈有可能讓評量的邊際成本超過其邊際效益。所以，指標雖然確實有幫助，但並不代表愈多就會愈好。

4. **不採納標準化評量的代價是什麼？**是否有其他能取得績效表現的資訊來源呢？比方說根據客戶、病人或是學生家長的體驗或是判斷？舉例來說，在學校，家長若會強烈要求指定某位老師來教導自己孩子，可能就是個很好的指標，表示這位老師在教學上有其長處，而這很有可能無法從標準測驗的結果傳達出來。對慈善機構來說，最有用的方式可能是由受助者來評斷績效表現的結果。

5. **評量的目的是什麼？**或者換個方式說，資訊透明化是要呈現給誰看的？這些資料是內部執業人員用來進行績效監察，抑或是讓外部人員據此來評判是否進行獎勵或懲罰？這可是有著舉足輕重的影響力。舉例來說，犯罪統計資料是用來找出警察該在哪些地方部署較多的偵防車，還是用來決定分局局長是否應該升官呢？又或者，這些資訊是被醫療團隊用來找出哪些醫療方式的效果最好，還是被行政管理階層用來決定哪間醫院可以獲得補助或是罰款？

其實我們難以評估這類評量工具的價值是高還是低，但若結果是供內部人員進行分析，就比較能夠發揮最大的效用，絕對會比交由外部那些根本不了解限制何在的公眾來判斷要有用得多。這些評量可以提供資訊給第一線的執業人士，讓他們知道自己的工作表現與同儕相比是如何，對那些表現出色的同事給予肯定，並協助那些表現較為落後的同事。但是只要拿評量績效來判斷是否繼續聘用以及薪酬多少，那麼大家就會試著美化統計數據，或是做出欺詐的行為。

記住，如同前面章節討論過的，只要獎勵的目標與執業人士的專業目標一致，那麼將績效指標與獎懲綁在一起，可以幫助強化內在動機。[1]反過來，如果獎懲制度只是為了要讓執業人士去做那些他們認為沒用或有害的行為，那麼指標就會受到操弄。如果執業人員十分熱衷於獲得外在獎勵，就會只專注於做那些有受到評量、並可因此獲得獎勵的工作。代價就是犧牲工作其他的重要面向。基於上述這些理由，「代價低」的指標，效果通常會比代價高的指標來得好。

還記得按質計酬只有在人受到外在獎勵的誘因高過於內在動機時，最能夠發揮其效果嗎？這也就是說，他們在乎的是賺更多錢，而不是工作可能帶來的其他益處，無論是對社會的幫助或自己智慧上的長進。這可能是因為受評量者所處的環境使然，比方金融界，大家幾乎都以賺了多少錢來判定自己在事業上有多成功。（但我們也曾提過，他們所賺來的錢也會用在各種不同的用途上，其中也包括一些無私的目的。）當這份工作無法提供其它的吸引力，也就是這是一份重複性高，且不太有自己做決定空間的工作，像是更換擋風玻璃或是煎漢堡，按質計酬才比較有可能發揮效用。

6. **取得指標數據必須付出的成本有多高？**資訊從來就不是免費的，而且通常都很昂貴，但想要更多資訊的人很少發現這一點。蒐集資訊、處理資訊、分析資訊都需要時間，這些時間就是機會成本。換句話說，你或同事投入在製作指標資料時所花費的每分每秒，都等同於在做那些不會受到評量的工作。當然，如果你是資料分析師，那麼製作這些指標資料就是你最主要的工作。但對其他人來說，這是種干擾。所以，就算績效評量是值得擁有的東西，但它們的價值可能會比所付出的成本要低。同時也要記住的一點是，這些人的時間和勞力成本本身是不可能計算的，然而，這又是另外一個在計算時會被漏掉的地方。

7. **問問自己為什麼公司高層的人會想要績效指標。**有時候管理高層之所以想要看到績效指標，是因為不了解自己被請來管理的這家公司，因為他們經常是以空降的方式，來到一個自己沒有什麼經驗的領域。有鑑於經驗和現場知識非常重要，建議你盡量從公司內部尋找高層的人選。就算你找到一個在其他領域的表現更厲害也更成功的人，但他沒有你的公司、大學、政府部門或其他機構所需的特定知識，聘請他能帶來的好處，可能不比你從公司內部找人強。

8. **績效評量是如何、又是由誰所開發出來的？**如果公信力指標是由上級強加在下級身上，而且還是用那些根本不懂工作現場的人所開發出來的標準公式，那麼效果就不可能太好。評量要有意義，通常都得從底層開始向上建構起來，並且使用現場從業人員，像是老師、醫護人員和警察的第一手資料。也就是說，請那些直接從經驗培養出策略知識的人提供建議，才能開發適合的績效標準。[2]也別忘了請那些會受到績效評量結果影響的人，一起加入成立一個代表團[3]，最好的狀況是這些人都應該要參與判斷評量結果的過程。

別忘了，績效評量系統會滲透到一個程度，讓身處其中受到評量的人相信這麼做真的值得。到目前為止，在本章中，我們都是從一個需要決定是否以及如何運用指標的人的角度來進行討論。如果你身處在組織中比較基層的位置，是個需要去執行指標的人——比方像是中階主管，或是大學系所的系主任，那麼你得面對一個抉擇。如果你真心相信，那些評量數據背後的預設目標，那麼你所要做的就是，盡可能以最有效率的方式取得正確的資料，這個方式還要能盡量節省你和下屬的時間。反之，如果你認為評量的目標模糊不清，根本不值得花時間處理，那麼你應該試著說服你的上司放棄（或許可以送他們這本書讀讀）。如果你無法說服上層，那麼你的任務就是花最少的時間提供評量資料，達到還算能夠接受、且不會對你所屬單位造成傷害的最低標準就可以了。

如果你位居組織較高層的位置，在做出使用指標的決策前，請再重讀一遍前面的段落，謹記位居你之下的人可能會對指標做出哪些不同的反應。唯有當受評量的人認同指標的目的和有效性時，指標才能發揮最大的效用。[4]

9. **記住，就算是全世界最棒的指標，都有可能出現敗壞或是目標轉移的危險。**只要是希望讓個人主動最大化他們自身的利益，無可避免地，任何一種評量獎勵制度都一定會有缺點。如果醫師的酬勞是根據他們所進行的醫療行為來計算，就像現在常見的狀況，那麼他們就會想盡可能多做那些成本高，但效益低的醫療行為。若是按照醫生診療的病人人數來計薪，他們可能會想盡辦法為更多的病人看診，而省略那些很花時間、卻可能對病人更好的醫療程序。若是根據被治癒的病患數量來發給薪酬，他們會花更多心思美化數據，甚至拒絕收治病況嚴重的患者。[5]

話雖如此，但這並不表示為了避開這些可能的負面結果，我們就要完全捨棄績效評量。儘管有著一些我們可以預料到的問題，但這類指標還是有其使用的價值。凡事都有利有弊，而這就有賴我們的判斷了。

10. **記住，有時候，體認到凡事都有其極限就是智慧的開端。**並非所有的問題都可以獲得解決，而透過指標就能解決的問題又更為有限。並不是所有事情都能因為評量而獲得改善，也並非所有可以評量的事情都能夠改善。把問題透明化並不是解決問題的必要手段，反而可能會讓已經很麻煩的狀況變得更加棘手。

這個世上並沒有萬靈丹，沒有東西能夠代替你真正去了解你所面對的問題和你的組織，而這有賴經驗和其他無法量化的技能。許多重要的問題都需要仰賴判斷和解讀，如此一來，標準化指標才能夠協助你解決這些問題。說到底，這並非是「指標」與「判斷」的對決，而是藉助指標所提供資訊來進行判斷，而好的判斷也包括知道該放多少權重在指標上、明白指標最可能在什麼地方遭到扭曲，並接受那些沒有辦法被評量的部分。近二十多年來，有太多政客、企業老闆、決策者和學術單位的行政高層都沒有注意到這一點。

致謝

我之所以會寫這本書，主要原因已在序論中提過。我最早是在二〇一五年，撰寫一篇名為〈公信力的代價〉文章時萌生了寫書的念頭。對此，我非常感激欣然接受那篇稿子的雜誌編輯 Adam Garfinkle，更是非常感謝他的編輯功力，以及他同意本書引用該篇稿子的內容。

從一篇文章慢慢演變成為一本書，過程中有非常多人給予了鼓勵與建議，我要感謝 Eliot A. Cohen, Raphael Cohen, Harold James, Nathan Levitan, Elyse Parker, Thomas Patteson, Aviel Tucker，以及 Adrian Wooldridge。Joel Brenner 與 Arnold Kling，還有已經過世的 Christopher Kobrak，都非常親切地給我許多能讓書的內容變得更好的意見。另外還有我在天主教大學兩位博學多聞的同事：Caroline Sherman 與 Stephen West，也給了我許多幫助。我對以上幾位深表感激，也很感謝多位提供資料來源及查詢方法的朋友和同事。普林斯頓大學出版社有四位不願具名的書稿審查人，完全出於自己的內在動機，慷慨地付出他們的時間來幫助我調整我的論點，使之更加精煉明確。

本書的部分內容曾在以下幾位主持的研討會發表過：馬里蘭大學史密斯商學院的 Rajshree Agarwal 與 David Sicilia，喬治梅森大學經濟學系的 Daniel Klein，以及美國天主教大學歷史學系的 Katherine Jansen。這每一場研討會的回饋都讓我獲益良多。

而多年來，我也都從自家舉辦的非正式研討會中獲得極大的幫助，這個以行為組織學為主題的研討會仍在持續進行中，成員則有我太太、我們的三個孩子和孩子們各自的伴侶。他們大方分享了自身工作環境中，組織運作是否得當的各種看法，他們的工作領域包括了政府機關、教育單位及醫療體系。我對他們每一位心懷感激。至於我在書中對他們的觀察心得若有任何解讀或運用上的問題，責任都在我身上，與他們無關。Eli Muller 是最早讓我注意到《火線重案組》影集背後真正主題何在的人（他可以信手捻來引用影集的情節和台詞），而他對組織制度的精準分析，更是與本書的內容相互呼應，他也協助了本書內容的編輯。我也要感謝 Joseph

Muller 醫師協助我彙整醫療保健領域的相關文獻，而對於本書的調性與方向，他也提供了非常寶貴的意見。我的妻子 Sharon，是本書每一章的第一位讀者與編輯，而書中的許多想法都是在我們每日的對話中萌芽，並隨著時間愈磨愈亮（雖然有時候我們討論的是身為祖父母的樂趣，不過那是另外一本書的主題了）。

雙親的支持也讓這本書的完成變得容易許多。然而，我很難過地在此告知大家，這也是我最後一本與我父親 Henry Muller 進行討論的著作，因為他在本書接近完稿階段時過世了，但他所留下的回憶是對我的無盡祝福。而我的母親 Bella Muller 依然是那個給予我人生智慧、鼓勵和幽默感，永不枯竭的源泉。

我非常感謝普林斯頓大學出版社的 Jessica Yao，在她的領導之下，最初的原稿才能成為一本書，另外也要感謝 Linda Truilo 進行校對。

在過去二十五年間，Peter J. Dougherty 不但一直是我的編輯，也是我智識上的夥伴，他不斷提供我撰寫各類書籍與想法，並鼓勵我努力為學術領域內外的讀者寫作。是他說服我將最初在文章中所傳達的想法寫成一本書，他也在本書的每個發展階段大力相助。在此我懷抱著最誠摯的謝意與不變的友情，將本書獻給他。

註釋

序論

1. Gwyn Bevan and Christopher Hood, "What's Measured Is What Matters: Targets and Gaming in the English Public Health System," Public Administration 84, no. 3 (2006), pp. 517–53.
2. Paula Chatterjee and Karen E. Joynt, "Do Cardiology Quality Measures Actually Improve Patient Outcomes?" Journal of the American Heart Association (February 2014). The same problem was noted some years earlier by Richard Rothstein, "The Influence of Scholarship and Experience in Other Fields on Teacher Compensation Reform," pp. 87–110 in Matthew G. Springer (ed.), Performance Incentives: Their Growing Impact on American K-12 Education (Washington, D.C., 2009), p. 96; an expanded version was published as Holding Accountability to Account: How Scholarship and Experience in Other Fields Inform Exploration of Performance Incentives in Education, National Center on Performance Incentives, Working Paper 2008–04, February 2008.
3. Bevan and Hood, "What's Measured Is What Matters."
4. An exception is Richard Rothstein, Holding Accountability to Account. Also valuable is Adrian Perry, "Performance Indicators: 'Measure for Measure' or 'A Comedy of Errors'?" in Caroline Mager, Peter Robinson, et al. (eds.), The New Learning Market (London, 2000).
5. Laura Landro, "The Secret to Fighting Infections: Dr. Peter Pronovost Says It Isn't That Hard. If Only Hospitals Would Do It," Wall Street Journal, March 28, 2011, and Atul Gawande, The Checklist Manifesto (New York, 2009).
6. Michael Lewis, Moneyball: The Art of Winning an Unfair Game (New York, 2003).
7. Chris Lorenz, "If You're So Smart, Why Are You under Surveillance? Universities, Neoliberalism, and New Public Management," Critical Inquiry (Spring 2012), pp. 599–29, esp. pp. 610–11.
8. Jonathan Haidt, The Righteous Mind (New York, 2012), p. 34 and passim.
9. On the Spellings Commission report, see Fredrik deBoer, Standardized Assessments of College Learning Past and Future (Washington, D.C.: New American Foundation, March 2016).
10. Jerry Z. Muller, The Mind and the Market: Capitalism in Modern European Thought (New York, 2002) and my Teaching Company lecture course, "Thinking about Capitalism." See also Robert K. Merton, "The Unanticipated Consequences of Purposive Social Action," American Sociological Review 1 (December 1936), pp. 894–904; and Merton, "Unanticipated Consequences and Kindred Sociological Ideas: A Personal Gloss," in Carlo Mongardini and Simonetta Tabboni (eds.), Robert

K. Merton and Contemporary Sociology (New Brunswick, N.J., 1998), pp. 295–318; Robert K. Merton and Elinor Barber, The Travels and Adventures of Serendipity (Princeton, 2004).

11. As Alfie Kohn notes, "[J]ust as social psychologists were starting to recognize how counterproductive extrinsic motivators can be, this message was disappearing from publications in the field of management." Kohn, Punished by Rewards (New York, 1999), p. 121.

1 論點簡述

1. A term used by Bruce G. Charlton, "Audit, Accountability, Quality and All That: The Growth of Managerial Technologies in UK Universities," in Stephen Prickett and Patricia Erskine-Hill (ed.), Eduation! Education! Education! Managerial Ethics and the Law of Unintended Consequences (Thorverton, England, 2002).
2. Fabrizio Ferraro, Jeffrey Pfeffer, and Robert L. Sutton, "Economics Language and Assumptions: How Theories Can Become Self-Fulfilling," Academy of Management Review 30, no. 1 (2005), pp. 8–24.
3. Tom Peters, "What Gets Measured Gets Done," (1986), http://tompeters.com/columns/what-gets-measured-gets-done/.
4. I owe the latter formulation to Professor Paul Collier.
5. Charlton, "Audit, Accountability, Quality and All That," pp. 18–22.
6. Useful attempts to summarize these negative consequences include Colin Talbot, "Performance Management," pp. 491–517 in Ewan Ferlie, Laurence E. Lynn, Jr., and Christopher Pollitt (eds.), The Oxford Handbook of Public Management (New York, 2005), pp. 502–4; and Michael Power, "The Theory of the Audit Explosion," pp. 326–44, in the same volume, see esp. p. 335.
7. William Bruce Cameron, Informal Sociology: A Casual Introduction to Sociological Thinking (New York, 1963).
8. Bevan and Hood, "What's Measured Is What Matters."
9. Quoted in Diane Ravitch, The Death and Life of the Great American School System (New York, 2010), p. 160. See also Chris Shore, "Audit Culture and Illiberal Governance: Universities and the Culture of Accountability," Anthropological Theory 8, no. 3 (2008), pp. 278–99; Mary Strathern (ed.), Audit Cultures: Anthropological Studies in Accountability, Ethics and the Academy (London, 2000).
10. Alison Wolf, Does Education Matter? Myths about Education and Economic Growth (London, 2002), p. 246. C.A.E. Goodhart, "Problems of Monetary Management: The UK Experience" (1975), pp. 91–121 in Goodhart, Monetary Theory and Practice (London, 1984).

2 ｜再出現的瑕疵

1. Kurt C. Strange and Robert L. Ferrer, "The Paradox of Family Care," Annals of Family Medicine 7, no. 4 (July/August 2009), pp. 293–99, esp. p. 295.
2. Sally Engle Merry, The Seductions of Quantification: Measuring Human Rights, Gender Violence, and Sex Trafficking (Chicago, 2016), pp. 1–33. 3. Ibid., p. 1.

4. Kevin E. Davis, Benedict Kingsbury, and Sally Engle Merry, "Introduction: Global Governance by Indicators," in Kevin Davis, Angelina Fisher, Benedict Kingsbury, and Sally Engle Merry (eds.), Governance by Indicators: Global Power through Quantification and Rankings (New York, 2012), pp. 9, 18.

3 評量制度與按質計酬的起源

1. Quoted in Matthew Arnold, "The Twice-Revised Code" (1862), in R. H. Super (ed.), The Complete Prose Works of Matthew Arnold (Ann Arbor, Mich., 1960–77), vol. 2, pp. 214–15.
2. Park Honan, Matthew Arnold: A Life (Cambridge, Mass., 1983), pp. 318–19; R. H. Super's notes to Arnold, "The Twice-Revised Code," in Complete Prose Works, vol. 2, p. 349.
3. Arnold, "The Twice-Revised Code," pp. 223–24.
4. Ibid., p. 226.
5. Ibid., p. 243.
6. Fred G. Walcott, The Origins of Culture and Anarchy: Matthew Arnold and Popular Education in England (Toronto, 1970), pp. 7–8.
7. Arnold, "Special Report on Certain Points Connected with Elementary Education in Germany, Switzerland, and France" (1886), in Complete Prose Works, vol. 11, pp. 1, 28.
8. Simon Patten, "An Economic Measure of School Efficiency," Educational Review 41 (May 1911), pp. 467–69, quoted in Raymond E. Callahan, Education and the Cult of Efficiency (Chicago, 1962), p. 48.
9. Frederick W. Taylor, The Principles of Scientific Management (New York, 1911). On Taylor and his influence on education reform advocates see Callahan, Education and the Cult of Efficiency, chap. 2.
10. Alfred D. Chandler, Jr., The Visible Hand: The Managerial Revolution in American Business (Cambridge, Mass., 1977), pp. 275–76.
11. Taylor, quoted in James C. Scott, Seeing Like a State: How Certain Schemes to Improve the Human Condition Have Failed (New Haven, 1998), p. 336.
12. Frederick W. Taylor, Principles of Scientific Management, cited by David Montgomery, The Fall of the House of Labor (New Haven, 1989), p. 229.
13. Ellwood P. Cubberley, Public School Administration (Boston, 1916), on which see Callahan, Education and the Cult of Efficiency, pp. 95–99.
14. Dana Goldstein, The Teacher Wars: A History of America's Most Embattled Profession (New York, 2014), pp. 86–87.
15. For the term "student growth," see Chad Aldeman, "The Teacher Evaluation Revamp, in Hindsight," EducationNext 17, no. 2 (Spring 2017), http://educationnext.org/the-teacher-evaluation-revamp-in-hindsight-obama-administration-reform/.
16. Richard Sennett, The Corrosion of Character: The Personal Consequences of Work in the New Capitalism (New York, 1998), p. 42.

17. Rakesh Khurana, From Higher Aims to Hired Hands: The Social Transformation of American Business Schools and the Unfulfilled Promise of Management as a Profession (Princeton, 2007), p. 295.
18. Richard R. Locke and J.-C. Spender, Confronting Managerialism: How the Business Elite and Their Schools Threw Our Lives out of Balance (London, 2011), p. xiii.
19. Adrian Wooldridge, Masters of Management (New York, 2011), p. 3.
20. Bob Lutz, Car Guys vs. Bean Counters: The Battle for the Soul of American Business (New York, 2013).
21. Christopher Pollitt, "Towards a New World: Some Inconvenient Truths for Anglosphere Public Administration," International Review of Administrative Sciences 81, no. 1 (2015), pp. 3–17, esp. pp. 4–5; John Quiggin, "Bad Company: Correspondence," Quarterlyessay.com, https://www.quarterlyessay.com.au/correspondence/1203; similarly Henry Mintzberg, "Managing Government, Governing Management," Harvard Business Review, May–June 1996, pp. 75–83.
22. David Halberstam, The Best and the Brightest (New York, 1972), pp.213–65.
23. Kenneth Cukier and Viktor Mayer-Schönberger, "The Dictatorship of Data," MIT Technology Review, May 31, 2013.
24. Edward N. Luttwak, The Pentagon and the Art of War (New York, 1984), p. 269.
25. Luttwak, The Pentagon and the Art of War, pp. 30–31. On the misuse of the metric of body counts, see the memoirs and scholarly literature analyzed in Ben Connable, Embracing the Fog of War: Assessment and Metrics in Counterinsurgency (Rand Corporation, 2012), pp. 106ff.
26. Luttwak, The Pentagon and the Art of War, pp. 138–43.
27. Ibid., p. 152.
28. Matthew Stewart, The Management Myth: Why the Experts Keep Getting It Wrong (New York, 2009), p. 31.
29. Theodore M. Porter, Trust in Numbers: The Pursuit of Objectivity in Science and Public Life (Princeton, 1995), p. ix.

4 為何指標如此受歡迎?

1. Ralf Dahrendorf, The Modern Social Conflict: An Essay on the Politics of Liberty (Berkeley, 1988), p. 53.
2. Porter, Trust in Numbers, p. ix.
3. Stefan Collini, "Against Prodspeak," in Collini, English Pasts: Essays in History and Culture (Oxford, 1999), p. 239.
4. Philip K. Howard, The Rule of Nobody: Saving America from Dead Laws and Broken Government (New York, 2014), p. 44.
5. Philip K. Howard, The Death of Common Sense: How Law Is Suffocating America (New York, 1994), pp. 12, 27.
6. Howard, The Rule of Nobody, p. 54.
7. Lawrence M. Freedman, "The Litigation Revolution," in Michael Grossman and Christopher Tomlins (eds.), The Cambridge History of Law in America: Vol. III The Twentieth Century and After (Cambridge, 2008), p.176.
8. Ibid., p. 187.
9. Ibid., p. 188–89.
10. Mark Schlesinger, "On Values and Democratic Policy Making: The Deceptively Fragile Consensus around Market-Oriented

Medical Care," Journal of Health Politics, Policy and Law 27, no. 6 (December 2002), pp.889–925; and Mark Schlesinger, "Choice Cuts: Parsing Policymakers' Pursuit of Patient Empowerment from an Individual Perspective," Health, Economics, Policy and the Law 5 (2010), pp. 365–87.
11. James Heilbrun, "Baumol's Cost Disease," in Ruth Towse (ed.), A Handbook of Cultural Economics, 2nd ed. (Cheltenham, England, 2011); and William G. Bowen, "Costs and Productivity in Higher Education," The Tanner Lectures, Stanford University, October 2012, pp. 3–4.
12. Bowen, "Costs and Productivity in Higher Education," p. 5, citing Teresa A. Sullivan et al. (eds.), Improving Measurement of Productivity in Higher Education (Washington, D.C., 2012).
13. Yves Morieux and Peter Tollman, Six Simple Rules: How to Manage Complexity Without Getting Complicated (Boston, 2014), p. 6.
14. Rakesh Khurana, Searching for a Corporate Savior: The Irrational Quest for Charismatic CEOs (Princeton, 2002), esp. chap. 3. The phenomenon is by no means confined to the corporate sector.
15. Steven Levy, "A Spreadsheet Way of Knowledge," Harper's, November 1984, now online at https://medium.com/backchannel/a-spreadsheet-way-of-knowledge-8de60af7146e.
16. Seth Klarman, A Margin of Safety: Risk-Averse Value Investing for the Thoughtful Investor (New York, 1991).

5 委託人、代理人與誘因

1. Michael Jensen and William H. Meckling, "Theory of the Firm: Managerial Behavior, Agency Costs and Ownership Structure," Journal of Financial Economics 3, no. 4 (1976), pp. 305–60; Bengt Holmström and Paul Milgrom, "Multitask Principal-Agent Analyses: Incentive Contracts, Asset Ownership, and Job Design," Journal of Law, Economics, & Organization [Special Issue: Papers from the Conference on the New Science of Organization, January 1991] 7 (1991), pp. 24–52; Charles Wheelan, Naked Economics, rev. ed. (New York, 2010), pp. 39–43.
2. Khurana, From Higher Aims to Hired Hands, pp. 317–26. Similarly, Richard Münch, Globale Eliten, lokale Autoritäten (Frankfurt, 2009), p. 75. Also instructive is Ferraro, Pfeffer, Sutton, "Economics Language and Assumptions."
3. Theodore M. Porter, Trust in Numbers: The Pursuit of Objectivity in Science and Public Life (Princeton, 1995), p. ix.
4. Talbot, "Performance Management," p. 497.
5. David Chinitz and Victor G. Rodwin, "What Passes and Fails as Health Policy and Management," Journal of Health Politics, Policy, and Law 39, no. 5 (October 2014), pp. 1113–26, esp. pp. 1114–17.
6. Mintzberg, "Managing Government, Governing Management," pp.75–83; and Holmström and Milgrom, "Multitask Principal-Agent Analyses."
7. Hal K. Rainey and Young Han Chun, "Public and Private Management Compared," in Ewan Ferlie, Laurence E. Lynn, Jr., and Christopher Pollitt (eds.), The Oxford Handbook of Public Management (New York, 2005), pp. 72–102, 85; and James Q. Wilson, Bureaucracy: What Government Agencies Do and Why They Do It (New York, 2000), pp. 156–57.

8. Roland Bénabout and Jean Tirole, "Intrinsic and Extrinsic Motivation," Review of Economic Studies no. 70 (2003), pp. 489–520. A pioneering work of intrinsic motivation theory was Edward L. Deci, Intrinsic Motivation (New York, 1975). Other studies by psychologists include Thane S. Pittman, Jolee Emery, and Ann K. Boggiano, "Intrinsic and Extrinsic Motivational Orientations: Reward-Induced Changes in Preference for Complexity," Journal of Personality and Social Psychology 42, no. 5 (1982), pp. 789–97; and T. S. Pittman, A. K. Boggiano, and D. N. Ruble, "Intrinsic and Extrinsic Motivational Orientations: Limiting Conditions on the Undermining and Enhancing Effects of Reward on Intrinsic Motivation," in J. Levine and M. Wang (eds.), Teacher and Student Perceptions: Implications for Learning (Hillsdale, N.J., 1983). An important figure in the transition of the theory from psychology to economics is Bruno S. Frey, whose works include Not Just for the Money: An Economic Theory of Human Motivation (Cheltenham, England, 1997). For a review of the relevant literature with a focus on behavioral economics, which concludes that "behavioral economics clearly shows that the universal application of pay-for-performance as practiced today is not warranted by scientific facts," see Antoinette Weibel, Meike Wiemann, and Margit Osterloh, "A Behavioral Economics Perspective on the Overjustification Effect: Crowding-In and Crowding-Out of Intrinsic Motivation," in Marylène Gagné (ed.), The Oxford Handbook of Work Engagement, Motivation, and Self-Determination Theory (New York, 2014).
9. Pittman, Boggiano, and Ruble, "Intrinsic and Extrinsic Motivational Orientations."
10. Bénabout and Tirole, "Intrinsic and Extrinsic Motivation," p. 504.
11. Bruno S. Frey and Margit Osterloh, "Motivate People with Prizes," Nature 465, no. 17 (June 2010), p. 871.
12. George Akerlof, "Labor Contracts as a Partial Gift Exchange," Quarterly Journal of Economics 97, no. 4 (1982), 543–69.
13. Bruno S. Frey and Reto Jegen, "Motivation Crowding Theory," Journal of Economic Surveys 15, no. 5 (2001), pp. 589–611; and Robert Gibbons, "Incentives in Organizations," Journal of Economic Perspectives 12, no. 4 (Fall 1998), pp. 115–32, esp. p. 129.
14. Gibbons, "Incentives in Organizations."
15. Talbot, "Performance Management," pp. 491–517; Adrian Wooldridge, Masters of Management (New York, 2011), pp. 318–19; Pollitt, "Towards a New World"; Christopher Hood, "The 'New Public Management in the 1980s: Variations on a Theme," Accounting, Organization, and Society 20, nos. 2/3 (1995), pp. 93–109; Christopher Hood and Guy Peters, "The Middle Aging of New Public Management: Into the Age of Paradox?" Journal of Public Administration Research and Theory 14, no. 3 (2004), pp. 267–82. On the background and early history of NPM in the United Kingdom and the United States, see Christopher Pollitt, Managerialism and the Public Services, 2nd ed. (Oxford, 1993).

6 哲學性批判

1. Harry Braverman, Labor and Monopoly Capital (New York, 1974).
2. Michael Oakeshott, "Rationalism in Politics" (1947) in Oakeshott, Rationalism in Politics and Other Essays (Indianapolis, 1991).

3. Friedrich Hayek, "The Uses of Knowledge in Society," "The Meaning of Competition," and " 'Free' Enterprise and Competitive Order," all in Hayek, Individualism and Economic Order (Chicago, 1948).
4. Wolf, Does Education Matter? p. 246; Lorenz, "If You're So Smart"; Bevan and Hood, "What's Measured Is What Matters." For an extended analysis of the ways in which the British higher education regime replicates features of the Soviet system, see Aviezer Tucker, "Bully U: Central Planning and Higher Education," Independent Review 17, no. 1 (Summer 2012), pp. 99–119.
5. Alfie Kohn, Punished by Rewards (New York, 1999), pp. 62ff; and Teresa Amabile, "How to Kill Creativity," Harvard Business Review (September–October 1998).
6. Scott, Seeing Like a State, p. 313.
7. Isaiah Berlin, "Political Judgment," in Berlin, The Sense of Reality: Studies in Ideas and Their History, ed. Henry Hardy (New York, 1996), pp. 53, 50.
8. Elie Kedourie Diamonds into Glass: The Government and the Universities (London, 1988), reprinted in Elie Kedourie, "The British Universities under Duress," Minerva 31, no. 1 (March, 1993), pp. 56–105.
9. Elie Kedourie, Perekstroika in the Universities (London, 1989), pp. x–xi.
10. Kedourie, Perestroika, p. 29.
11. Kedourie "The British Universities under Duress," p. 61.
12. Background information on GPRA at http://www.foreffectivegov.org/node/326, and Donald P. Moynihan and Stephane Lavertu, "Does Involvement in Performance Management Routines Encourage Performance Information Use? Evaluating GPRA and PART" Public Administration Review 72, no. 4 (July/August 2012), pp. 592–602.

7 大學院校

1. Department of Education, "For Public Feedback: A College Ratings Framework" (December, 2014), http://www2.ed.gov/documents/college-affordability/college-ratings-fact-sheet.pdf.
2. https://www.luminafoundation.org/files/publications/stronger_nation/2016/A_Stronger_Nation-2016-National.pdf.
3. Wolf, Does Education Matter?
4. Wolf, Does Education Matter?; Jaison R. Abel, Richard Deitz, and Yaquin Su, "Are Recent College Graduates Finding Good Jobs?" Federal Reserve Bank of New York: Current Issues in Economics and Finance 20, no. 1 (2014); Paul Beaudry, David A. Green, Benjamin M. Sand, "The Great Reversal in the Demand for Skill and Cognitive Tasks," NBER Working Paper 18901, March 2013.
5. See, for example, Katherine Mangan, "High-School Diploma Options Multiply, but May Not Set Up Students for College Success," Chronicle of Higher Education, October 19, 2015.
6. Scott Jaschik, "ACT Scores Drop as More Take Test," Inside Higher Education,August 24, 2016; and "ACT Scores Down for 2016 U.S. Grad Class Due to Increased Percentage of Students Tested," http://www.act.org/content/act/en/newsroom/act-

scores-down-for-2016-us-grad-class-due-to-increased-percentage-of-students-tested.html.

7. William G. Bowen and Michael S. McPherson, Lesson Plan: An Agenda for Change in American Higher Education (Princeton, 2016), p. 30.
8. See, for example, Tucker, "Bully U," p. 104.
9. Valen E. Johnson, Grade Inflation: A Crisis in College Education (New York, 2003).
10. John Bound, Michael F. Lovenheim, and Sarah Turner, "Increasing Time to Baccalaureate Degree in the United States," NBER Working Paper 15892, April 2010, p. 13; and Sarah E. Turner, "Going to College and Finishing College. Explaining Different Educational Outcomes," in Caroline M. Hoxby (ed.) College Choices: The Economics of Where to Go, When to Go, and How to Pay for It (Chicago, 2004), pp. 13–62, http://www.nber.org/chapters/c10097, passim.
11. Arnold Kling and John Merrifield, "Goldin and Katz and Education Policy Failings," Econ Journal Watch 6, no. 1 (January 2009), pp. 2–20, esp.p. 14.
12. Wolf, Does Education Matter? chap. 7.
13. Lorelle L. Espinosa, Jennifer R. Crandall, and Malika Tukibayeva, Rankings, Institutional Behavior, and College and University Choice (Washington, D.C., American Council on Education, 2014), p. 12.
14. Wolf, Does Education Matter? chap. 7; similarly Daron Acemoglu and David Autor, "What Does Human Capital Do?" Journal of Economic Literature 50, no. 2 (2012), pp. 426–63.
15. Wolf, Does Education Matter? chaps. 2 and 6; Paul Beaudry, David A. Green, and Benjamin M. Sand, "The Great Reversal in the Demand for Skill and Cognitive Tasks," NBER Working Paper 18901, March 2013.
16. Stuart Eizenstat and Robert Lerman, "Apprenticeships Could Help U.S. Workers Gain a Competitive Edge" (Washington, D.C., Urban Institute, May 2013); Mark P. Mills, "Are Skilled Trades Doomed to Decline?" Manhattan Institute, New York, 2016, http://www.manhattan-institute.org/sites/default/files/IB-MM-1016.pdf.
17. Thomas Hale and Gonzalo Viña, "University Challenge: The Race for Money, Students and Status," Financial Times, June 23, 2016; https://www.oecd.org/unitedkingdom/United%20Kingdom-EAG2014-Country-Note.pdf. Stefan Collini, in What Are Universities For? gives a figure of 45 percent in 2012 for enrollment in higher education.
18. For a brief history, see Stefan Collini, What Are Universities For? chap. 2.
19. Wolf, Does Education Matter? chap. 7.
20. Shore, "Audit Culture and Illiberal Governance," pp. 289–90. See also James Wilsdon et al., The Metric Tide: Report of the Independent Review of the Role of Metrics in Research Assessment and Management (July 2015).
21. Stephen Prickett, Introduction to Education! Education! Education!
22. Charlton, "Audit, Accountability, Quality and All That," p. 23.
23. http://www2.ed.gov/admins/finaid/accred/accreditation_pg6.html.
24. Peter Augustine Lawler, "Truly Higher Education," National Affairs (Spring 2015), pp. 114–30, esp. pp. 120–21.

25. Charlton, "Audit, Accountability, Quality and All That," p. 22; and Lorenz, "If You're So Smart." p. 609.

26. Benjamin Ginsberg, The Fall of the Faculty: The Rise of the All Administrative University (Baltimore, 2013).

27. Craig Totterow and James Evans, "Reconciling the Small Effect of Rankings on University Performance with the Transformational Cost of Conformity" in Elizabeth Popp Berman and Catherine Paradeise (eds.), The University under Pressure, Research in the Sociology of Organizations, vol. 4 (Bingley, England, 2016), pp. 265–301, and Tucker, "Bully U," p. 114.

28. Wendy Nelson Espeland and Michael Sauder, "Rankings and Reactivity: How Public Measures Re-create Social Worlds," American Journal of Sociology 113, no. 1 (July 2007), pp. 1–40, esp. p. 11.

29. Ibid., p. 25.

30. Ibid., p. 26.

31. Ibid., pp. 30–31. For more on how some law schools game the statistics, see Alex Wellen, "The $8.78 Million Maneuver," New York Times, July 31, 2005. For more on how universities attempt to rise in the rankings, see Wendy Nelson Espeland and Michael Sauder, "The Dynamism of Indicators" in Davis et al. (eds.) Governance by Indicators, pp. 103–5.

32. See, for example, Doug Lederman, " 'Manipulating,' Er, Influencing 'U.S. News,' " Inside Higher Ed, June 3, 2009.

33. Totterow and Evans, "Reconciling the Small Effect of Rankings on University Performance with the Transformatonal Cost of Conformity."

34. On the early history of this, see Collini, What Are Universities For? chap.6, "Bibliometry."

35. Prickett, Introduction to Education! Education! Education! p. 7.

36. Peter Weingart, "Impact of Bibliometrics upon the Science System: Inadvertent Consequences," Scientometrics 62, no. 1 (2005), pp. 117–31, esp. p. 126.

37. Ibid., p. 127; see also Christian Fleck, "Impact Factor Fetishism," European Journal of Sociology 54, no. 2 (2013), pp. 327–56. On the difficulties of comparing research productivity among disciplines, see Dorothea Jansen et al., "Drittmittel als Performanzindikator der wissenschaftlichen Forschung: Zum Einfluss von Rahmenbedingungen auf Forschungsleistung," Kölner Zeitschrift für Soziologie und Sozialpsychologie 59, no 1 (2007), pp. 125–49.

38. See on these issues, Weingart, "Impact of Bibliometrics upon the Science System," and Michael Power, "Research Evaluation in the Audit Society," in Hildegard Matthies and Dagmar Simon (eds.), Wissenschaft unter Beobachtung: Effekte und Defekte von Evaluationen (Wiesbaden, 2008), pp. 15–24.

39. Carl T. Bergstrom, "Use Ranking to Help Search," Nature 465, no. 17 (June 2010), p. 870.

40. Espeland and Sauder, "Rankings and Reactivity," p. 15. See too Münch, Globale Eliten, lokale Autoritäten.

41. Espinosa, Crandall, and Tukibayeva, Rankings, Institutional Behavior, and College and University Choice; Douglas Belkin, "Obama Spells Out College-Ranking Framework," Wall Street Journal, December 19, 2014; Jack Stripling, "Obama's Legacy: An Unlikely Hawk on Higher Ed," Chronicle of Higher Education, September 30, 2016.

42. Jonathan Rothwell, "Understanding the College Scorecard," paper, Brookings Institution, September 28, 2015, https://www.brookings.edu /opinions/understanding-the-college-scorecard/; Beckie Supiano, "Early Evidence Shows College Scorecard Matters, but Only to Some," Chronicle of Higher Education, May 27, 2016.
43. See Lauren A. Rivera, Pedigree: How Elite Students Get Elite Jobs (Princeton, 2015); and Elizabeth A. Armstrong and Laura T. Hamilton, Paying for the Party: How College Maintains Inequality (Cambridge, Mass., 2013).
44. Rothwell, "Understanding the College Scorecard."
45. Jeffrey Steedle, "On the Foundations of Standardized Assessment of College Outcomes and Estimating Value Added," in K. Carey and M. Schneider (eds.), Accountability in Higher Education (New York, 2010), p. 8.
46. See, among many other critiques, Nicholas Tampio, "College Ratings and the Idea of the Liberal Arts, JSTOR Daily, July 8, 2015, http://daily.jstor.org/college-ratings-idea-liberal-arts/, and James B. Stewart, "College Rankings Fail to Measure the Influence of the Institution," New York Times, October 2, 2015.
47. Robert Grant, "Education, Utility and the Universities" in Prickett and Erskine-Hill (eds.), Education! Education! Education! p. 52.
48. See Rivera, Pedigree, p. 78 and passim.
49. Espinosa, Crandall, and Tukibayeva, Rankings, Institutional Behavior, and College and University Choice, p. 9.

8 各級學校

1. Ravitch, The Death and Life of the Great American School System, p. 149.
2. T. S. Dee and B. Jacob, "The Impact of 'No Child Left Behind' on Student Achievement," Journal of Policy Analysis and Management 30 (2011), pp. 418–46.
3. Jesse Rhodes, An Education in Politics: The Origins and Evolution of No Child Left Behind (Ithaca, N.Y., 2012), p. 88.
4. Quoted in ibid., p. 88.
5. Ibid., p. 153.
6. Goldstein, Teacher Wars, p. 188.
7. Diane Ravitch, Reign of Error (New York, 2013), p. 51 and charts on pp. 340–42; and Kristin Blagg and Matthew M. Chingos, Varsity Blues: Are High School Students Being Left Behind? (Washington, D.C.: Urban Institute, May 2016), pp. 3–5.
8. Dee and Jacob, "The Impact of 'No Child Left Behind' on Student Achievement," pp. 418–46. See also, Ravitch, The Death and Life of the Great American School System, pp. 107–8, 159; Goldstein, Teacher Wars, p. 187; and American Statistical Association, "ASA Statement on Using Value-Added Models for Educational Assessment, April 8, 2014," https://www.amstat.org/policy/pdfs/ASA_VAM_Statement.pdf.
9. Goldstein, Teacher Wars, p. 226.
10. Ibid. For an argument in favor of value-added testing over evaluating schools based on "proficiency" or "college-readiness,"see

Michael J. Petrilli and Aaron Churchill, "Why States Should Use Student Growth, and Not Proficiency Rates, when Gauging School Effectiveness," Thomas Fordham Institute, October 13, 2016, https://edexcellence.net/articles/why-states-should-use-student-growth-and-not-proficiency-rates-when-gauging-school.

11. Martin R. West, written statement to U.S. Senate Committee on Health, Education, Labor, and Pensions, January 21, 2015, http://www.help.senate.gov/imo/media/doc/West.pdf, and David J. Deming et al., "When Does Accountability Work?" educationnext.org (Winter 2016), pp. 71–76. On Florida, David N. Figlio and Lawrence S. Getzler, "Accountability, Ability, and Disability: Gaming the System," NBER Working Paper No. 9307, October 2002.

12. On Houston and Dallas, see Ravitch, Death and Life, p. 155; on Atlanta, see Rachel Aviv, "Wrong Answer: In an Era of High-Stakes Testing, a Struggling School Made a Shocking Choice," The New Yorker, July 21, 2014, pp. 54–65; on Chicago, see Brian A. Jacob and Steven D. Levitt, "Rotten Apples: An Investigation of the Prevalence and Predictors of Teacher Cheating," Quarterly Journal of Economics 118, no. 3 (August, 2003), pp. 843–77; on "scrubbing" in Cleveland, Ravitch, Death and Life, p. 159. Also Goldstein, Teacher Wars, p. 227.

13. Goldstein, Teacher Wars, pp. 186, 209.

14. Alison Wolf, Does Education Matter? Similarly, Donald T. Campbell, "[A]chievement tests may well be valuable indicators of general school achievement under conditions of normal teaching aimed at general competence. But when test scores become the goal of the teaching process, they both lose their value as indicators of educational status and distort the educational process in undesirable ways," quoted in Mark Palko and Andrew Gelman, "How Schools that Obsess about Standardized Tests Ruin Them as Measures of Success," Vox: Policy and Politics, August 16, 2016, http://www.vox.com/2016/8/16/12482748/success-academy-schools-standardized-tests-metrics-charter.

15. "We believe that the system is now out of balance in the sense that the drive to meet government-set targets has too often become the goal rather than the means to the end of providing the best possible education for all children. This is demonstrated in phenomena such as teaching to the test, narrowing the curriculum and focusing disproportionate resources on borderline pupils. We urge the Government to reconsider its approach in order to create incentives to schools to teach the whole curriculum and acknowledge children's achievements in the full range of the curriculum. The priority should be a system which gives teachers, parents and children accurate information about children's progress." (Paragraph 82). Select Committee on Children, Schools and Families, Third Report (2008). http://www.publications.parliament.uk/pa/cm200708/cmselect/cmchilsch/169/16912.htm.

16. Rhodes, An Education in Politics, p. 176.

17. Goldstein, Teacher Wars, pp. 213–17.

18. Goldstein, Teacher Wars, pp. 207–8.

19. Roland Fryer, "Teacher Incentives and Student Achievement: Evidence from New York City Public Schools," NBER Working Paper No. 16850, March 2011.

20. Goldstein, Teacher Wars, pp. 224–26.
21. See the studies cited in Kohn, Punished by Rewards, p. 334, fn. 37.
22. Fryer, "Teacher Incentives and Student Achievement," p. 3.
23. Frederick M. Hess, "Our Achievement-Gap Mania," National Affairs (Fall 2011), pp. 113–29.
24. Lauren Musu-Gillette et al., Status and Trends in the Educational Achievement of Racial and Ethnic Groups 2016 (Washington, D.C.: National Center for Educational Statistics, 2016), p. iv.
25. For a recent confirmation of the Coleman Report's original findings, and of their ongoing relevance, see Stephen L. Morgan and Sol Bee Jung, "Still No Effect of Resources, Even in the New Gilded Age," Russell Sage Foundation Journal of the Social Sciences 2, no. 5 (2016), pp.83–116.
26. Sean F. Reardon, The Widening Achievement Gap between the Rich and the Poor: New Evidence and Some Possible Explanations (Russell Sage Foundation, 2012), downloaded from https://cepa.stanford.edu/content/widening-academic-achievement-gap-between-rich-and-poor-new-evidence-and-possible.
27. Edward C. Banfield, The Unheavenly City Revisited (New York, 1974), pp.273–74.
28. Among economists, the significance of these qualities has been emphasized by James Heckman, "Schools, Skills, and Synapses," Economic Inquiry 46, no. 3 (July 2008), pp. 289–324. Of course, their importance has long been taken for granted by those not wedded to metric fixation. Character qualities of self-control and the ability to defer gratification, however, are themselves linked to cognitive ability, see Richard E. Nisbett et al., "Intelligence: New Findings and Theoretical Developments," American Psychologist 67, no. 2 (2012), pp. 130–59, esp. p. 151.
29. Alexandria Neason, "Welcome to Kindergarten. Take This Test. And This One." Slate, March 4, 2015.
30. Nisbett et al., "Intelligence," p. 138.
31. Angela Duckworth, "Don't Grade Schools on Grit," New York Times, March 27, 2016.
32. Hess, "Our Achievement-Gap Mania," and Wolf, Does Education Matter? The declining support for programs for gifted children in Europe is noted in Tom Clynes "How to Raise a Genius: Lessons from a 45-Year Study of Super-smart Children," Nature 537, no. 7619 (September 7, 2016).
33. Ravitch, Death and Life, passim., and Kenneth Berstein, "Warning from the Trenches: A High School Teacher Tells College Educators What They Can Expect in the Wake of 'No Child Left Behind' and 'Race to the Top,'" Academe (January–February 2013), http://www.aaup.org/article/warnings-trenches#.VN62JMZQ2AE; and the powerful testimony of "Teacher of the Year" Anthony J. Mullen, "Teachers Should be Seen and Not Heard," Education Week, January 7, 2010, http://blogs.edweek.org/teachers/teacher_of_the_year/2010/01/teachers_should_be_seen_and_no.html.

9 醫療領域

1. Sean P. Keehan et al., "National Health Expenditure Projections, 2015–2025: Economy, Prices, and Aging Expected to Shape Spending and Enrollment," Health Affairs 35, no. 8 (August 2016), pp. 1–10; Atul Gawande, "The Checklist," New Yorker,

December 10, 2007.
2. World Health Report 2000, Health Systems: Improving Performance, quoted in Scott Atlas, In Excellent Health: Setting the Record Straight on America's Health Care (Stanford, Calif., 2011).
3. Atlas, In Excellent Health.
4. Ibid., pp. 28–30, 99–105.
5. Ibid., p. 84; and David M. Cutler, Adriana Lleras-Muney, and Tom Vogl,"Socioeconomic Status and Health: Dimensions and Mechanisms," in Sherry Glied and Peter C. Smith (eds.), The Oxford Handbook of Health Economics (New York, 2011), pp. 124–63, esp. 147–53.
6. Atlas, In Excellent Health, p. 156.
7. Michael E. Porter and Thomas H. Lee, "The Strategy That Will Fix Health Care," Harvard Business Review (October 2013), pp. 50–70, esp. 56.
8. The discussion of Geisinger is based on Douglas McCarthy, Kimberly Mueller, and Jennifer Wrenn, Geisinger Health System: Achieving the Potential of Integration through Innovation, Leadership, Measurement, and Incentives (Commonweatlh Fund Case Study, June 2009), and Glenn D. Steele, Jr., "A Proven New Model for Reimbursing Physicians," Harvard Business Review (September 15, 2015), by the former CEO of Geisinger.
9. Peter J. Pronovost et al., "Sustaining Reductions in Central Line-Associated Bloodstream Infections in Michigan Intensive Care Units: A 10-Year Analysis," American Journal of Medical Quality 31, no. 3 (2016), pp. 197–202.
10. Chinitz and Rodwin, "What Passes and Fails as Health Policy and Management," p. 1117.
11. For example, Patrick Conway, Farzad Mostashari, and Carolyn Clancy, "The Future of Quality Measurement for Improvement and Accountability," JAMA [Journal of the American Medical Association] 309, no. 21 (June 5, 2013), pp. 2215–16; James F. Burgess and Andrew Street, "Measuring Organizational Performance," in Sherry Glied and Peter C. Smith (eds.), The Oxford Handbook of Health Economics (New York, 2011), pp. 688–706, esp. p. 701; David M. Shahian et al., "Rating the Raters: The Inconsistent Quality of Health Care Performance Measurement," Annals of Surgery 264, no. 1 (July 2016), pp. 36–38; J. Matthew Austin, Elizabeth A. McGlynn, and Peter J. Pronovost, "Fostering Transparency in Outcomes, Quality, Safety, and Costs," JAMA 316, no. 16 (October 25, 2016), pp. 1661–62.
12. On the propensity to call for better metrics, see Chinitz and Rodwin, "What Passes and Fails as Health Policy and Management," p. 1120.
13. Jason H. Wasfy et al., "Public Reporting in Cardiovascular Medicine: Accountability, Unintended Consequences, and Promise for Improvement," Circulation 131, no. 17 (April 28, 2015), pp. 1518–27.
14. Chinitz and Rodwin, "What Passes and Fails as Health Policy and Management," p. 1118.
15. N. A. Ketallar et al., "Public Release of Performance Data in Changing the Behaviour of Healthcare Consumers, Professionals or Organisations" Cochrane Database System Review, Nov. 9, 2011.

16. Gary Y. Young, Howard Beckman, and Errol Baker, "Financial Incentives, Professional Values and Performance," Journal of Organizational Behavior 33 (2012), pp. 964–983.
17. Elaine M. Burns, Chris Pettengell, Thanos Athanasious, and Ara Darzi,"Understanding the Strengths and Weaknesses of Public Reporting of Surgeon-Specific Outcomes," Health Affairs 35, no. 3 (March 2016), pp.415–21, esp. p. 416.
18. D. Blumenthal, E. Malphrus, and J. M. McGinnis (eds.), Vital Signs: Core Metrics for Health and Health Care Progress (Washington, 2015), p. 90. On the use of "star ratings" by the National Health Service in England, see Bevan and Hood "What's Measured Is What Matters."
19. Chinitz and Rodwin, "What Passes and Fails as Health Policy and Management," pp. 1114–19.
20. Karen E. Joynt et al., "Public Reporting of Mortality Rates for Hospitalized Medicare Patients and Trends in Mortality for Reported Conditions," Annals of Internal Medicine, published online May 31, 2016.
21. M. W. Friedberg et al., "A Methodological Critique of the ProPublica Surgeon Scorecard" (Rand Corporation, Santa Monica, Calif., 2015), http://www.rand.org/pubs/perspectives/PE170.html, and David M. Shahian et al., "Rating the Raters: The Inconsistent Quality of Health Care Performance Measurement," Annals of Surgery 264, no. 1 (July 2016), pp. 36–38.
22. Cheryl L. Damberg et al., Measuring Success in Health Care Value-Based Purchasing Programs: Summary and Recommendations (Rand Corporation, 2014), p. 18. Rachel M. Werner et al., "The Effect of Pay-for-Performance in Hospitals: Lessons for Quality Improvement," Health Affairs 30, no. 4 (April 2011), pp. 690–98. Similarly, and most recently, Aaron Mendelson et al., "The Effects of Pay-for-Performance Programs on Health, Health Care Use, and Processes of Care: A Systematic Review," Annals of Internal Medicine 165, no. 5 (March 7, 2017), pp. 341–53.
23. Patricia Ingraham, "Of Pigs in Pokes and Policy Diffusion: Another Look at Pay for Performance," Public Administration Review 53 (1993), pp. 348–56; Christopher Hood and Guy Peters, "The Middle Aging of New Public Management: Into the Age of Paradox?" Journal of Public Administration Research and Theory 14, no. 3 (2004), pp. 267–82; Chinitz and Rodwin, "What Passes and Fails as Health Policy and Management," pp. 1113–26.
24. Martin Roland and Stephen Campbell, "Successes and Failures of Pay for Performance in the United Kingdom," New England Journal of Medicine 370 (May 15, 2014), pp. 1944–49. The phrase "treating to the test" comes from Chinitz and Rodwin, "What Passes and Fails as Health Policy and Management," p. 1115.
25. Burns et al., "Understanding the Strengths and Weaknesses of Public Reporting of Surgeon-Specific Outcomes," p. 418; and Wasfy et al., "Public Reporting in Cardiovascular Medicine"; and K. E. Joynt et al., "Association of Public Reporting for Percutaneous Coronary Intervention with Utilization and Outcomes among Medicare Beneficiaries with Acute Myocardial Infarction," JAMA 308, no. 14 (2012), pp. 1460–68; Joel M. Kupfer, "The Morality of Using Mortality as a Financial Incentive: Unintended Consequences and Implications for Acute Hospital Care," JAMA 309, no. 21 (June 3, 2013), pp. 2213–14.
26. Richard Lilford and Peter Pronovost, "Using Hospital Mortality Rates to Judge Hospital Performance: A Bad Idea that Just

Won't Go Away," British Medical Journal (April 10, 2010).

27. Ibid.
28. D. Blumenthal, E. Malphrus, and J. M. McGinnis (eds.), Vital Signs: Core Metrics for Health and Health Care Progress (Washington, D.C., 2015).
29. Ibid., pp. 90–91.
30. Robert Pear, "Shaping Health Policy for Millions, and Still Treating Some on the Side," New York Times, March 29, 2016.
31. Donald M. Berwick, "The Toxicity of Pay for Performance," Quality Management in Health Care 4, no. 1 (1995), pp. 27–33.
32. Wasfy et al., "Public Reporting in Cardiovascular Medicine"; Claire Noel-Mill and Keith Lind, "Is Observation Status Substituting for Hospital Readmission?" Health Affairs Blog, October 28, 2015; as well as https://www.medicare.gov/hospitalcompare/Data/30-day-measures.html.
33. David Himmelstein and Steffie Woolhandler, "Quality Improvement: 'Become Good at Cheating and You Never Need to Become Good at Anything Else'" Health Affairs Blog, August 27, 2015.
34. Sabriya Rice, "Medicare Readmission Penalties Create Quality Metrics Stress," Modern Healthcare, August 8, 2015.
35. Shannon Muchmore, "Bill Targets Socio-economic Factors in Hospital Readmissions," Modern Healthcare, May 19, 2016.
36. See for example Michael L. Barnett, John Hsu, and Michael J. McWilliams, "Patient Characteristics and Differences in Hospital Readmission Rates," JAMA Internal Medicine 175, no. 11 (November 2015), pp. 1803–12; and Shannon Muchmore, "Readmissions May Say More about Patients than Care," Modern Healthcare (September 14, 2015).

10 警政系統

1. Barry Latzer, The Rise and Fall of Violent Crime in America (San Francisco, 2016).
2. On Compstat, see Ken Peak and Emmanuel P. Barthe "Community Policing and CompStat: Merged, or Mutually Exclusive?" The Police Chief 76, no. 12 (December 2009); John Eterno and Eli Silverman, The Crime Numbers Game: Management by Manipulation (Boca Raton, 2012); Heather Mac Donald, "Compstat and Its Enemies," City Journal, February 17, 2010, offers a critique of earlier claims by Eterno and Silverman.
3. Donald T. Campbell, "Assessing the Impact of Planned Social Change" (1976), Journal of Multidisciplinary Evaluation (February 2011), p. 34.
4. See, for example, David Bernstein and Noah Isackson, "The Truth about Chicago's Crime Rates: Part 2," Chicago Magazine, May 19, 2014.
5. Mac Donald, "Compstat and Its Enemies."
6. "Police Fix Crime Statistics to Meet Targets, MPs Told," BBC News, November 19, 2013, http://www.bbc.com/news/uk-25002927.
7. Ed Burns interview on "Fresh Air," National Public Radio, November 22, 2006. See also David Simon interview with Bill

Moyers, at www.pbs.org/moyers/journal/04172009/transcript1.html.
8. Campbell, "Assessing the Impact," p. 35.

11 軍隊

1. Jonathan Schroden, a scholar at the Naval War College, concludes that current methods of COIN assessment are so faulty that it would be better to "stop doing operations assessments altogether." Jonathan Schroden, "Why Operations Assessments Fail: It's Not Just the Metrics," Naval War College Review 64, no. 4 (Autumn 2011), pp. 89–102, esp. 99.
2. Connable, Embracing the Fog of War, chap. 6.
3. David Kilcullen, Counterinsurgency (New York, 2010), p. 2.
4. Ibid., pp. 56–57.
5. Ibid., pp. 58–59.
6. Ibid., p. 60.
7. Connable, Embracing the Fog of War, pp. xv, xx.
8. Jan Osborg et al., Assessing Locally Focused Stability Operations (Rand Corporation, 2014), p. 9.
9. Connable, Embracing the Fog of War, p. 29.

12 商業與財務

1. http://www.simon.rochester.edu/fac/misra/mkt_salesforce.pdf.
2. Barry Gruenberg, "The Happy Worker: An Analysis of Educational and Occupational Differences in Determinants of Job Satisfaction," American Journal of Sociology 86 (1980), pp. 247–71, esp. pp. 267–68, quoted in Kohn, Punishment by Rewards, p. 131.
3. Erik Brynjolfsson and Andrew McAfee, The Second Machine Age: Work, Progress, and Prosperity in a Time of Brilliant Technologies (New York, 2014).
4. Dan Cable and Freck Vermeulen, "Why CEO Pay Should Be 100% Fixed," Harvard Business Review (February 23, 2016).
5. Madison Marriage and Aliya Ram, "Two Top Asset Managers Drop Staff Bonuses," Financial Times, August 22, 2016.
6. Jeffrey Preffer and Robert I. Sutton, "Evidence-Based Management," Harvard Business Review (January 2006), pp. 63–74, esp. p. 68.
7. Boris Ewenstein, Bryan Hancock, and Asmus Komm, "Ahead of the Curve: The Future of Performance Management," McKinsey Quarterly, no. 2 (2006), pp. 64–73, esp. p. 72.
8. Ewenstein et al., "Ahead of the Curve," pp. 67–68.
9. Tyler Cowen and Alex Tabarrok, Modern Principles of Macroeconomics, 3rd ed. (New York, 2014), p. 413.
10. Mark Maremont, "EpiPen Maker Dispenses Outsize Pay," Wall Street Journal, September 13, 2016; and Tara Parker-Pope and Rachel Rabkin Peachman, "EpiPen Price Rise Sparks Concern for Allergy Sufferers," New York Times, August 22, 2016.
11. Matt Levine, "Wells Fargo Opened a Couple Million Fake Accounts," Bloomberg.com, September 9, 2016; and United

States of America Consumer Financial Protection Bureau, Administrative Proceeding 2016-CFPB-0015, Consent Order.

12. For other examples, see Gibbons, "Incentives in Organizations," p. 118.
13. Ferraro, Pfeffer, and Sutton, "Economics Language and Assumptions."
14. Douglas H. Frank and Tomasz Obloj, "Firm-Specific Human Capital, Organizational Incentives, and Agency Costs: Evidence from Retail Banking," Strategic Management Journal 35 (2014), pp. 1279–301.
15. These examples are cited in ibid., p. 1282.
16. The account that follows draws upon Amar Bhidé, "An Accident Waiting to Happen," Critical Review 21, nos. 2–3 (2009), pp. 211–47; and Bhidé, A Call for Judgment: Sensible Finance for a Dynamic Economy (New York, 2010), esp. "Introduction"; and Arnold Kling, "The Financial Crisis: Moral Failure or Cognitive Failure?" Harvard Journal of Law and Public Policy 33, no. 2 (2010), pp. 507–18, and Arnold Kling, Specialization and Trade (Washington, D.C., 2016).
17. Kling, "The Financial Crisis"; and Kling, Specialization and Trade, pp. 182–83.
18. Lawrence G. McDonald with Patrick Robinson, A Colossal Failure of Common Sense: The Inside Story of the Collapse of Lehman Brothers (New York, 2009), pp. 106–9.
19. Amar Bhidé, "Insiders and Outsiders," Forbes, September 24, 2008.
20. The paragraphs that follow draw upon Jerry Z. Muller, "Capitalism and Inequality: What the Right and the Left Get Wrong," Foreign Affairs (March–April 2013), pp. 30–51.
21. Hyman P. Minsky, "Uncertainty and the Institutional Structure of Capitalist Economies," Journal of Economic Issues 30, no. 2 (June 1996), pp. 357–68; Levy Economics Institute, Beyond the Minsky Moment (e-book, April 2012); Alfred Rappaport, Saving Capitalism from Short-Termism (New York, 2011).
22. On the propensity for short-termism of publicly traded companies, see John Asker, Joan Farre-Mensa, and Alexander Ljungqvist, "Corporate Investment and Stock Market Listing: A Puzzle?" Review of Financial Studies 28, no. 2 (2015), pp. 342–90.
23. http://www.businessinsider.com/blackrock-ceo-larry-fink-letter-to-sp-500-ceos-2016–2
24. Klarman, A Margin of Safety.
25. Nelson P. Repenning and Rebecca M. Henderson, "Making the Numbers?'Short Termism' and the Puzzle of Only Occasional Disaster," Harvard Business School Working Paper 11–33, 2010. On the negative effects of some pay-for-performance schemes on trust, employee commitment,and institutional productivity, see Michael Beer and Mark D. Cannon,"Promise and Peril in Implementing Pay-for-Performance," Human Resources Management 43, no. 1 (Spring 2004), pp. 3–48.
26. Michael C. Jensen, "Paying People to Lie: The Truth about the Budgeting Process," European Financial Management 9, no. 3 (2003), pp. 379–406.
27. Gary P. Pisano and Willy C. Shih, "Restoring American Competitiveness," Harvard Business Review (July 2009), pp. 11–12.
28. Yves Morieux of Boston Consulting Group, in his TED talk, "How Too Many Rules at Work Keep You from Getting Things

Done," July 2015; see also Morieux and Tollman, Six Simple Rules.
29. Frank Knight, Risk, Uncertainty, and Profit (New York, 1921).
30. Isabell Welpe, "Performance Paradoxon: Erfolg braucht Uneindeutigkeit: Warum es klug ist, sich nicht auf eine Erfolgskennzahl festzulegen," Wirtschaftswoche July 31, 2015, p. 88.

13 慈善事業與國外援助

1. Ann Goggins Gregory and Don Howard, "The Nonprofit Starvation Cycle," Stanford Innovation Review (Fall 2009); and "The Overhead Myth," http://overheadmythcom.b.presscdn.com/wp-content/uploads/2013/06/GS_OverheadMyth_Ltr_ONLINE.pdf.
2. See, for example, P. T. Bauer, Dissent on Development (Cambridge, Mass., 1976).
3. Mark Moyar, Aid for Elites: Building Partner Nations and Ending Poverty through Human Capital (Cambridge, 2016), p. 188. The entire chapter on "Measurement" is invaluable.
4. Andrew Natsios, "The Clash of the Counter-Bureaucracy and Development" (2010), http://www.cgdev.org/publication/clash-counter-bureaucracy-and-development; and Natsios, "The Foreign Aid Reform Agenda," Foreign Service Journal 86, no. 12 (December 2008), quoted in Moyar, Aid for Elites, pp. 188–89.
5. Unnamed USAID official, interviewed by Mark Moyar in 2012, and quoted in Moyar, Aid for Elites, p. 190.
6. Moyar, Aid for Elites, p. 186.

14 當透明度變成績效表現的敵人

1. Moshe Halbertal, Concealment and Revelation: Esotericism in Jewish Thought and Its Philosophical Implications, trans. Jackie Feldman (Princeton, 2007), pp. 142–43.
2. Tom Daschle, foreword to Jason Grumet, City of Rivals: Restoring the Glorious Mess of American Democracy (New York, 2014), p. x.
3. See on this Jonathan Rauch, "How American Politics Went Insane," The Atlantic, July–August, 2016; Jonathan Rauch, "Why Hillary Clinton Needs to be Two-Faced," New York Times, October 22, 2016; and Matthew Yglesias, "Against Transparency," Vox, September 6, 2016.
4. Cass R. Sunstein, "Output Transparency vs. Input Transparency," August 18, 2016, https://papers.ssrn.com/sol3/papers.cfm?abstract_id=2826009.
5. Wikipedia, "Chelsea Manning."
6. Christian Stöcker, "Leak at WikiLeaks: A Dispatch Disaster in Six Acts," Spiegel Online, September 1, 2011.
7. Halbertal, Concealment and Revelation, p. 164.
8. Joel Brenner, Glass Houses: Privacy, Secrecy, and Cyber Insecurity in a Transparent World (New York, 2013), p. 210.

15 非計畫但可預期的負面後果

1. Ravitch, The Death and Life of the Great American School System, p. 161; Stewart, The Management Myth, p. 54.

2. Holmström and Milgrom, "Multitask Principal-Agent Analyses."
3. Merton, "Unanticipated Consequences and Kindred Sociological Ideas: A Personal Gloss," p. 296.
4. Morieux and Tollman, Six Simple Rules, pp. 6–16.
5. Lilford and Pronovost, "Using Hospital Mortality Rates to Judge Hospital Performance."
6. Berwick, "The Toxicity of Pay for Performance."
7. On this topic, see George A. Akerlof and Rachel E. Kranton, Identity Economics: How Our Identities Shape Our Work, Wages, and Well-Being (Princeton, 2010), chap. 5, "Identity and the Economics of Organizations."
8. Berwick, "The Toxicity of Pay for Performance."
9. Edmund Phelps, Mass Flourishing: How Grassroots Innovation Created Jobs, Challenge and Change (Princeton, 2013), p. 269.
10. Similarly, Scott, Seeing Like a State, p. 313.
11. According to Dale Jorgenson of Harvard, the only source of growth of total factor productivity was in IT-producing industries. Dale W. Jorgenson, Mun Ho, and Jon D. Samuels, "The Outlook for U.S. Economic Growth," in Brink Lindsey (ed.), Understanding the Growth Slowdown (Washington, D.C., 2015). On how behavioral metrics in human resources sap initiative, see Lutz, Car Guys vs. Bean Counters, pp. ix–x.

16 何時使用指標，以及如何使用指標：核對清單

1. Young et al., "Financial Incentives, Professional Values and Performance," Journal of Organizational Behavior 33 (2012), pp. 964–83, esp. p. 969.
2. Thomas Kochan, commentary on "Promise and Peril in Implementing Pay-for-Performance," Human Resources Management 43, no. 1 (Spring 2004), pp. 35–37.
3. J. Matthew Austin, Elizabeth A. McGlynn, and Peter J. Pronovost, "Fostering Transparency in Outcomes, Quality, Safety, and Costs," JAMA 316, no. 16 (October 25, 2016), pp. 1661–62.
4. B. S. Frey and M. Osterloh, Successful Management by Motivation. Balancing Intrinsic and Extrinsic Incentives (Heidelberg, 2002).
5. Kling, Specialization and Trade, p. 33.

國家圖書館出版品預行編目（CIP）資料

失控的數據：數字管理的誤用與濫用，如何影響我們的生活與工作，甚至引發災難 / 傑瑞．穆勒 著；張國儀 譯．-- 初版．-- 臺北市：遠流，2019.07
面；　公分
譯自：The tyranny of metrics
ISBN 978-957-32-8579-3（平裝）
1. 組織管理 2. 企業管理評鑑
494.2　　108008464

失控的數據：
數字管理的誤用與濫用，如何影響我們的生活與工作，甚至引發災難

作者／傑瑞・穆勒
譯者／張國儀
總編輯／盧春旭
執行編輯／黃婉華
行銷企畫／鍾湘晴
封面設計：Ancy PI
內頁排版設計：Alan Chan

發行人／王榮文
出版發行／遠流出版事業股份有限公司
地址：臺北市南昌路二段 81 號 6 樓
電話：(02) 2392-6899
傳真：(02) 2392-6658
郵撥：0189456-1

著作權顧問／蕭雄淋律師
2019 年 7 月 1 日　初版一刷
新台幣定價 380 元（如有缺頁或破損，請寄回更換）

ISBN 978-957-32-8579-3

遠流博識網
http://www.ylib.com
E-mail: ylib @ ylib.com